PUBLICATIONS DE LA LIBRAIRIE HACHETTE & Cie
1903   Paris, boulevard Saint-Germain, 79   1903

GUIDES JOANNE

Format in-16, cart. percaline.

FRANCE ET ALGÉRIE

PARIS	5 »	PROVENCE	» »
ENVIRONS DE PARIS	7 50	PYRÉNÉES, 1 vol	7 50
AUVERGNE et CENTRE	7 50	SAVOIE	7 50
BOURGOGNE, MORVAN, JURA		VOSGES et ALSACE	7 50
LYONNAIS	7 50	ALGÉRIE et TUNISIE	12
BRETAGNE	7 50		
CÉVENNES	5 »	**GUIDES DIVERS**	
LA CHAMPAGNE et L'ARDENNE	7 50	FRANCE, par Richard, 5 vol. in-16 brochés	
CORSE	6 »	Réseau de Paris-Lyon-Medi-	
DAUPHINÉ	7 50	terranée, 1 vol	4 »
LA LOIRE	7 50	Réseau d'Orléans-Midi-État,	
DE LA LOIRE AUX PYRÉNÉES	7 50	1 vol	4 »
NORD	7 50	Réseau de l'Ouest, 1 vol	3 »
NORMANDIE	7 50	Réseau du Nord, 1 vol	2 50
		Réseau de l'Est, 1 vol	2 50

		DE PARIS A CONSTANTINOPLE	16 »
EUROPE SEPTENTRIONALE		GRÈCE, 1re partie. Athènes et	
(SAINT-PÉTERSBOURG)		ses environs	12 »
MOSCOU, VARSOVIE et CO-		GRÈCE, 2e partie. Grèce conti-	
PENHAGUE	10 »	nentale et îles	20 »
BELGIQUE et HOLLANDE	7 50	ÉGYPTE	20 »
ESPAGNE et PORTUGAL	18 »	SUISSE	7 50
ITALIE	10 »		

GUIDES DIAMANT

Format in-32

AIX-LES-BAINS	2 »	PYRÉNÉES	2 »
BRETAGNE	2 »	STATIONS D'HIVER (les) DE	
NORMANDIE	2 »	LA MÉDITERRANÉE	3 50
PARIS	1 50	SUISSE	2 »

MONOGRAPHIES

Format in-16, broché, avec gravures et plans.

1re SÉRIE, A 50 CENTIMES

I. Angers. — Arles et les Baux. — Avignon. — Blois. — Chantilly. — Chartres. — Dijon. — Gérardmer. — Le Havre. — Lourdes. — Le Mont St-Michel. — Nancy. — Nantes. — Nîmes. — Reims. — Le Mans. — Tours. — Valence.

FRANCE COLONIES

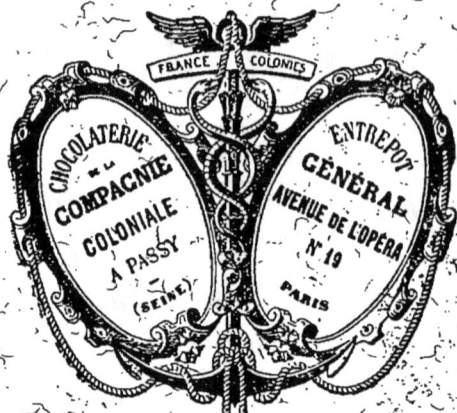

Cie Coloniale

ÉTABLISSEMENT SPÉCIAL POUR LA FABRICATION

des

CHOCOLATS

de

QUALITÉ SUPÉRIEURE

Tous les Chocolats de la Cie Coloniale, sans exception, sont composés de matières premières de choix; ils sont exempts de tout mélange, de toute addition de substances étrangères, et préparés avec des soins inusités jusqu'à ce jour.

CHOCOLAT DE SANTÉ Le 1/2 kilog.		CHOCOLAT DE POCHE et de voyage en boîtes cachetées	
BON ORDINAIRE	2 50		
FIN	3 »	SUPERFIN.... 250 gr.	2 25
SUPERFIN	3 50	EXTRA.... d°...	2 50
EXTRA	4 »	EXTRA-SUPÉRIEUR.... d°...	3 »

THÉ
Une SEULE QUALITÉ (QUALITÉ SUPÉRIEURE)
Composée exclusivement de Thés noirs de Chine
En Boîtes de 75, 150 et 300 grammes

Entrepôt général : Avenue de l'Opéra, 19, Paris

DANS TOUTES LES VILLES, CHEZ LES PRINCIPAUX COMMERÇANTS

COLLECTION DES GUIDES-JOANNE

VERSAILLES

LA VILLE, LE CHATEAU, LES TRIANONS

AVEC 8 GRAVURES ET 3 PLANS

PARIS

LIBRAIRIE HACHETTE ET Cie

79, BOULEVARD SAINT-GERMAIN, 79

1903

VERSAILLES

La Ville, le Château, les Trianons

COMMUNICATIONS
ENTRE PARIS ET VERSAILLES

On peut se rendre de Paris à Versailles, soit par le chemin de fer de l'Ouest (gares Saint-Lazare, ou Montparnasse, ou des Invalides), soit par le tramway à air comprimé, partant du quai du Louvre.

1° De Paris-Saint-Lazare à Versailles-Rive Droite. — 23 k. en 35 min. à 52 min.; pas de 3° cl.; 1re cl., 1 fr. 50; 2° cl., 1 fr. 15; aller et ret. 3 fr. et 2 fr. 30, donnant droit au ret. par la rive g. (Montparnasse); 2 à 3 trains par h. (consulter l'*Indicateur*). — *N. B.* Les gares du chemin de fer de Petite-Ceinture délivrent des billets directs pour Versailles-Rive droite avec corresp. à la gare Saint-Lazare.

2° De Paris-Montparnasse à Versailles-Rive gauche. — 18 k. en 38 min.; pas de 3° cl.; 1re cl., 1 fr. 35; 2° cl., 90 c.; aller et ret., 2 fr. 70 et 1 fr. 80, ne donnant pas droit au ret. par la rive dr. (Saint-Lazare); 1 à 2 trains par h. (V. l'*Indicateur*). — *N. B.* Les gares du chemin de fer de Petite-Ceinture délivrent des billets directs pour Versailles-Rive gauche, avec corresp. à la gare d'Ouest-Ceinture.

3° De Paris-Esplanade des Invalides. — 18 k., par Javel, Issy, Meudon, un tunnel de 3,350 m. et Chaville, pour aboutir à la gare de Versailles-Rive gauche. — Traj. en 28 à 40 min. — 1 fr. 35 et 90 c.

4° Tramway à air comprimé du Louvre à Versailles. — 19 k. — Cie générale des Omnibus; traj. en 1 h. 30; intérieur, 1 fr.; impériale (couverte), 85 c. — Le tramway part toutes les h. 35 du quai du Louvre, entre le Pont-Neuf et le Pont des Arts. Il suit dans Paris les quais de la rive dr. et l'Avenue de Versailles. On peut le prendre sur le parcours, mais seulement, dans Paris, aux arrêts suivants, indiqués par des écriteaux : Pont des Saints-Pères (place du Carrousel), Pont Royal, Place de la Concorde, Pont des Invalides, Place de l'Alma, Quai de Billy (Manutention), Pont d'Iéna (Trocadéro, Champ de Mars), Passerelle de Passy, Pont de Grenelle, Pont Mirabeau, Point du Jour (Bateaux Parisiens et Chemin de fer de Ceinture) et Porte de Saint-Cloud.

Excursions Cook. — L'agence Cook organise des excursions bi-hebdomadaires à Versailles; ses voitures quittent les bureaux de l'agence, 1, place de l'Opéra, les mardis et vendredis à 10 h. du mat., et suivent l'itinéraire ci-après : Saint-Augustin, Parc Monceau, Arc de Triomphe, Bois de Boulogne, les Lacs, la grande Cascade, le champ de courses de Long-champ, vue du Mont-Valérien, ville et parc de Saint-Cloud, Montrétout, bois de Ville-d'Avray, avenue de Picardie, boulevard de la Reine, Grand-Trianon. — Arrêt pour le lunch. — Visite du Château, des Musées et du Parc de Versailles. Retour par l'avenue de Paris, Viroflay, Chaville, Sèvres, Billancourt, le Trocadéro, le Cours-la-Reine et place de la Concorde, pour arriver place de l'Opéra vers 5 h. 30 du s. Prix 10 fr., lunch non compris. — Pendant l'été, service spécial par mail-coach (jours de départ affichés à l'agence); prix, 15 fr.; box seat, 20 fr.

RENSEIGNEMENTS PRATIQUES

Omnibus : — 30 c. par place (omn. spéciaux pour le Château à l'arrivée des trains, surtout à la gare de la Rive-Droite).

Hôtels et restaurants. — QUARTIER NOTRE-DAME (gare Rive-Dr.); *des Réservoirs**, rue des Réservoirs, 9, 11 et 11 *bis*, en face de la rue Carnot (appartements meublés; au fond de la cour, porte ouvrant dans le parc; ascenseur, téléphone, éclairage à l'électricité; le passage est libre; petit déj. 1 fr. 50; déj. 4 fr., vin et café non compris; dîn. 5 fr., vin et café non compris; service par petites tables; ch. à 1 lit, 5 fr. à 15 fr.; à 2 lits, 7 fr. à 15 fr.); — *Vatel**, rue des Réservoirs, 38 (petit déj. 1 fr. 50; déj. 3 fr.; dîn. 4 fr.; ch. à 1 lit, 4 fr.; à 2 lits, 6 fr.); — *Suisse*, rue Pétigny, 3 (déj. 3 fr.; dîn. 3 fr. 50; ch. à 1 lit, 3 fr. 50; à 2 lits, 5 fr.; pens. dep. 8 fr. par j.); — *de France*, rue Colbert, 5, place d'Armes (déj., 3 fr.; dîn., 3 fr. 50); — *restaurant de Londres*, rue Colbert, 7, place d'Armes (repas à 2 fr., 2 fr. 50 et 3 fr., une demi-bout. de vin comprise, et à la carte; pens., dep. 70 fr.; genre Duval); — *café-restaurant de la Place d'Armes*, avenue de Saint-Cloud, 1 (déj. 2 fr. 50; dîn. 3 fr.); — *hôtel et restaurant de la Tête-Noire*, rue Duplessis, 38, à côté de la gare de la Rive-Dr.; — *Café Anglais et restaurant Continental*, rue Duplessis, 49, en face la gare de la Rive-Dr.; — *café-restaurant Américain* ou *Bresnu*, rue Duplessis, 47; — *hôtel du Lion-d'Or*, rue Duplessis, 38; — *hôtel du Sabot-d'Or*, rue Duplessis, 23, près du Marché-Neuf (petit déj. 60 c. et 1 fr.; déj. 2 fr. 50; dîn. 3 fr.); — *hôtel restaurant de la Grande-Fontaine* (petit déj. 75 c. et 1 fr.; déj. 2 fr. 50; dîn. 3 fr. 50), rue de la Paroisse, 63; — *café-restaurant de la Bonne-Santé* (créé par la Société anti-alcoolique de Versailles; on n'y sert que des boissons hygiéniques), rue de la Paroisse, 104; — *café-restaurant de la Place Hoche*, place Hoche (déj. dep. 2 fr. et 2 fr. 50; dîn. dep. 3 fr. et 3 fr. 50, vin compris, et à la carte); — *café-restaurant Notre-Dame*, rue Hoche, au coin de la place ; — *restaurant de Neptune*, rue des Réservoirs, en face le théâtre (repas à la carte) ; — du *Dragon*, même rue, 19 ; — *café-restaurant des Réservoirs*, rue des Réservoirs, 19, à l'angle de la rue de la Paroisse ; — *hôtel-restaurant du Cheval-Rouge* (petit déj. 75 c. ; déj. 2 fr. 50 ; dîn. 3 fr. ; ch. à 1 lit, 2 fr. et 3 fr. ; à 2 lits, 4 fr. et 5 fr.), rue André-Chénier, 18, près du Marché ; — *restaurant du Rocher-de-Cancale*, rue Colbert, 9 (déj. et dîn. à prix fixe, à 2 fr. et 2 fr. 50, ou à la carte) ; — *hôtel du Cheval-Blanc*, rue Royale, n° 2 (dîn. 3 fr.) ; — restaurants *Au chien qui fume* et *Au chat qui prise* (à la carte ; cuisine de choix), tous deux place du Marché.

QUARTIER SAINT-LOUIS (Gare Rive-G.) : *hôtel de la Chasse et d'Elbeuf*, rue de la Chancellerie, 6, place d'Armes (ch. et appartements meublés ; repas à la carte).

Cafés : — *Anglais, Bresnu, du Globe*, vis-à-vis de la gare de la Rive-Dr. ; — *de la Place d'Armes*, place d'Armes ; — *Pierson*, avenue de Sceaux, 14 ; — *de Bellevue*, rue Royale, 3 ; — *Satory* (restaurant et glacier), rue Satory, 1, et avenue de Sceaux ; — *des Tribunaux et de la Préfecture*, rue Saint-Pierre ; — *de l'Union*, rue des Réservoirs, 19 ; — *brasserie Muller*, rue Carnot, 44, et avenue de Saint-Cloud, 23 ; — *brasserie Moderne*, rue Carnot, 45 ; etc.

Poste, télégraphe et téléphone : — rue Saint-Julien, 2 (bureau principal), rue de Jouvencel (Préfecture), rue Duplessis (Notre-Dame), ouverts de 7 h. du mat. l'été et de 8 h. du mat. l'hiver à 9 h. du s. ; jusqu'à minuit pour le télégraphe.

Bains : — *Notre-Dame*, rue de la Paroisse, 57 ; — *Saint-Louis*, avenue de Sceaux, 8.

Voitures de place. — *Voitures à un cheval.* — Chaque course dans Versailles, y compris les deux Trianons, Glatigny, la Ménagerie, le rond-point de Viroflay, 1 fr. 25 ; — chaque heure, 2 fr., Satory et le parc compris. — Hors du territoire de Versailles, 2 fr. 50 l'heure, 3 fr. les dimanches et fêtes.

Voitures à deux chevaux. — Chaque course dans Versailles, suivant les limites fixées plus haut, 1 fr. 50 ; chaque heure, 2 fr. 50 ; — promenade à Satory ou dans le parc (chaque heure), 2 fr. 50. — Hors du territoire de Versailles, 3 fr. l'heure, 3 fr. 50 les dimanches et fêtes.

Tarif pour les communes environnantes. — Jusqu'à minuit : chaque course ou chaque heure, de Versailles aux communes de Viroflay, Buc, Saint-Cyr, Rocquencourt et le Chesnay, en semaine : voitures à 1 cheval, 2 fr.; voitures à 2 chevaux, 2 fr. 50; dimanches et jours fériés : voitures à 1 chev. 2 fr. 50; voitures à 2 chevaux, 3 fr.

Les voitures ne sont prises qu'à l'heure pour se rendre aux communes de Chaville, Jouy, Bailly, Ville-d'Avray, la Celle-Saint-Cloud, Marly-le-Roi, Louveciennes, Guyancourt et Voisins-le-Bretonneux. Prix de l'heure, de 6 h. du mat. à 7 h. 30 du s. en hiver, et à 9 h. 30 en été, en semaine : voitures à 1 cheval, 2 fr.; voitures à 2 chevaux, 2 fr. 50; dimanches et jours fériés : voitures à 1 cheval, 2 fr. 50; voitures à 2 chevaux, 5 fr.

Après les heures ci-dessus, les prix sont réglés de gré à gré. Il en est de même à l'égard des voyageurs qui veulent se rendre aux communes comprises dans la dernière série, les jours annoncés pour les grandes eaux et les courses de Satory.

Les cochers sortant de Versailles sont tenus de marcher à raison de 8 k. à l'heure, excepté en temps de neige et de verglas. Les voyageurs doivent payer le prix du retour depuis le point où ils quittent la voiture jusqu'à Versailles.

Stations de voitures : boulevard de la Reine, rue des Réservoirs, avenue de Saint-Cloud, avenue de Sceaux, gares de la Rive gauche et des Chantiers, carrefour de Montreuil.

Loueurs de voitures : — *Dias*, rue Carnot, 45, et rue de l'Orangerie, 60; — *Vve Fournier*, boulevard du Roi, 3; — *Sergent*, rue Colbert, 11; — *Dupré*, rue du Parc-de-Clagny, 41. — Tarif du loueur Dias : voit. à 1 chev., 2 à 3 pers., de 8 h. mat. à 8 h. s., 25 fr.; landau à 2 chev., 30 fr.; petits omn. de famille, de 8 à 10 pl., 35 fr.; breaks de 10, 16, 24 et 30 pl. ou voit. de 16 pl., 45 fr.; voit. de 24 et 30 pl., 50 fr. la journée.

Tramways électriques (les noms en italiques indiquent les points où ont lieu les correspondances). — 1° De Glatigny à Grand-Champ par les rues de Béthune, Duplessis, *Marché*, rue Duplessis, *avenue de Saint-Cloud*, rue Saint-Pierre, place des Tribunaux, *avenue de Paris*, avenue Thiers, avenue de Sceaux, *rue Royale*, couvent de Grand-Champ.

2° Du Rond-Point du Chesnay à la gare des Chantiers, par le boulevard du Roi, rue des Réservoirs, rue de la Paroisse, *Marché*, rue Duplessis, *avenue de Saint-Cloud*, rue Saint-Pierre, place des Tribunaux, *avenue de Paris*, rue des Chantiers, gare des Chantiers.

3° De la grille de l'Orangerie à Glatigny, par la rue de l'Orangerie, *rue Royale*, avenue de Sceaux, avenue Thiers, *avenue de*

Paris, place des Tribunaux, rue Saint-Pierre, *avenue de Saint-Cloud,* rue Duplessis, *Marché,* rue Duplessis, rue de Béthune, Glatigny.

4° Du square Duplessis à l'avenue de Picardie, par le *Marché,* rue Duplessis, *avenue de Saint-Cloud,* rue de Montreuil, boulevard de Lesseps, boulevard de la République, avenue de Picardie.

5° De la grille du boulevard de la Reine à la Chapelle-de-Clagny, par le boulevard de la Reine, la rue des Réservoirs, la rue de la Paroisse, la rue Duplessis et l'avenue de Villeneuve-l'Etang.

6° De la Chapelle-de-Clagny à la rue des Réservoirs (au bas de la chapelle du Château), par l'avenue de Villeneuve-l'Etang, la rue Duplessis et l'avenue de Saint-Cloud.

7° De Versailles, avenue Thiers, en face la gare de la Rive-G., à Saint-Cyr (Ecole militaire). Le tramway suit la rue Royale, la rue de l'Orangerie, passe entre la pièce d'eau des Suisses (à g.) et l'Orangerie (à dr.), côtoie la route de Chartres, longeant à dr. le parc de Versailles, croise l'allée des Matelots, laisse à g. la Faisanderie, le polygone du génie et la gare des Matelots, à dr. la Ménagerie, passe sur le chemin de fer de Grande-Ceinture près de la station de Saint-Cyr, et a son terminus devant l'Ecole militaire (trajet de 5 k.). — 1 dép. t. les demi-heures, tous les jours, de Versailles et de Saint-Cyr; 35 c. et 25 c.

Tramway à air comprimé : — de Versailles (place d'Armes) à Paris (quai du Louvre) : 1 fr. et 85 c.

Tramway à vapeur pour *Maule* (26 k.), boulevard de la Reine, près de la gare de la Rive-Droite. Traj. en 1 h. 35 à 2 h.; 1 fr. 95.

Guides : — étrangers à l'administration; reconnaissables à une plaque qu'ils portent sur la poitrine, avec un numéro et l'indication du tarif, 1 fr. par heure. Ils entrent dans le Musée, *mais y sont absolument inutiles.* — On les trouve dans la cour d'honneur et devant le Château, sur le parterre.

Châteaux, Trianons et Musées : — *Musée national,* au Château; ouvert t. l. j., excepté le lundi, de 11 h. du mat. à 5 h. du s., du 1er avril au 30 sept.; de 11 h. du mat. à 4 h. du s., du 1er octobre au 31 mars. — Les *Trianons* et les voitures de gala se voient l'été de 10 h. à 6 h.; le *village suisse* du Petit-Trianon se visite jusqu'à la nuit. — *Musée de la Révolution,* salle du Jeu-de-Paume, rue du Jeu-de-Paume, ouvert aux mêmes j. et h. que le Musée national. — *Parcs* et *Jardins* ouverts t. l. j. de 6 h. du mat. à 10 h. du s. en été, et jusqu'à la nuit tombante en hiver. Tous les *bosquets* sont fermés du 1ᵉʳ novembre au 30 avril. Le jardin du Petit-Trianon est ouvert t. l. j. de 8 h. du mat. à la nuit; celui du Grand-Trianon est fermé à 6 h. du s.

Grandes eaux : — t. les premiers dimanches des mois d'été, de mai à septembre inclus, de 4 h. 30 à 5 h. 30, plus certains jours de fête qu'indiquent des affiches apposées à Paris, notamment aux gares Saint-Lazare et Montparnasse. — Les grandes eaux jouent dans l'ordre suivant : 1° Parterre d'eau; 2° Bassin de Latone; 3° Salle de bal; 4° Colonnade; 5° Bassin d'Apollon; 6° Bassin d'Encelade; 7° Bassin de l'Obélisque; 8° Bassin des Bains d'Apollon; 9° Allée d'eau; 10° Bassin du Dragon; 11° Bassin de Neptune. — *Grandes eaux de Trianon*, tous les deuxièmes dimanches des mois d'été.

Bibliothèque publique : — 5, rue Gambetta; ouverte t. l. j. de midi à 5 h., le dimanche jusqu'à 4 h. seulement; fermée du 15 août au 1ᵉʳ octobre.

Conservatoire de musique : — 7, rue Sainte-Adélaïde.

Grand-Théâtre : — rue des Réservoirs.

Salle des concerts ou théâtre des Variétés : — rue de la Chancellerie, 10.

Musique militaire : — dans le parc, en été, le mardi, le jeudi et le dimanche, de 3 h. à 4 h. 30.

Cultes : — *catholique romain* : églises paroissiales Saint-Louis (cathédrale), Notre-Dame, Saint-Symphorien, Sainte-Elisabeth; — *anglican* : église au coin de la rue Carnot et de la rue du Peintre-Lebrun; — *protestant* : temple rue Hoche, 3; — *israélite* : synagogue rue Albert-Joly, 10.

Tir : — au Stand, dans la plaine du Mail, route de Saint-Cyr (23 cibles de 8 à 400 m.; entrée, 25 c. pour les non-sociétaires; buffet-restaurant).

VERSAILLES

Situation. — Aspect général.

Versailles, V. de 54,982 hab., ancienne résidence de la Cour avant la Révolution, encore une fois siège du gouvernement après la guerre de 1870-71, est aujourd'hui le ch.-l. du dép. de Seine-et-Oise, le siège d'un évêché et l'une des principales villes militaires de France. Elle est bâtie sur le plateau de la rive g. de la Seine (130-140 m. d'alt.), à 7 ou 8 k. du fleuve, dans une sorte de dépression naturelle ou col d'où le profond et étroit vallon de Sèvres descend vers l'E. à la Seine et qui s'élargit vers l'O. en une plaine agricole arrosée par le rû de Gally et inclinée vers la Mauldre, affluent de la Seine. La dépression de Versailles est agréablement encadrée par deux lignes de coteaux boisés, l'une au N. portant la forêt de Marly et les bois des Fausses-Reposes, l'autre au S. couverte par les bois de Satory, contigus à l'E. à la forêt de Meudon. La ville jouit d'un air vif et pur, mais manque d'eau courante.

Versailles, né autour du château de Louis XIV, lui ressemble en tous points. C'est une ville régulière, grandiose et solennelle, mais froide et monotone : elle serait morte et triste sans les nombreux visiteurs qu'elle attire et le mouvement de sa garnison très importante, qui en fait aujourd'hui une cité essentiellement militaire. Immuable depuis la chute de la monarchie qui l'avait créée, la ville, non moins que le château et son parc à la Le Nôtre, a gardé intact et sans mélange le cachet des xviie et xviiie s. Versailles est dans son ensemble une synthèse complète, une évocation de cette grande époque, avec ses qualités et ses défauts.

A chaque pas que l'on fait dans cette ville, qui fut, pendant plus d'un siècle, le séjour habituel de la cour, on rencontre des monuments et des souvenirs se rattachant à l'un des trois rois qui s'y sont succédé. Dans un grand nombre de maisons et d'établissements particuliers on pourrait retrouver les hôtels habités autrefois par les grands seigneurs de la cour, tels que l'hôtel de Condé (aujourd'hui Surintendance militaire), situé rue des Réservoirs, n° 14, où La Bruyère écrivit *les Caractères* et où il mourut; l'hôtel de Noailles, rue Carnot, n° 1; l'hôtel du maréchal de Richelieu, avenue de Saint-Cloud, n° 38; l'hôtel du duc de Saint-Simon, le célèbre auteur des *Mémoires*, même avenue, n° 42. Dans la maison n° 17 de la rue des Chantiers, l'Assemblée constituante tint ses séances du 5 mai au 15 octobre 1789. Le Roi, auteur de l'*Histoire anecdotique des rues de Versailles*, a retrouvé dans une maison de la rue Saint-Médéric la *maison du parc aux cerfs*, qui eut une si honteuse célébrité sous le règne de Louis XV. Ce nom lui venait du quartier où elle était située, et qui occupait l'emplacement d'un parc destiné primitivement à l'élevage des cerfs.

Histoire de la ville et du Château.

Versailles ne fut, dans le principe, qu'une dépendance et, pour ainsi dire, le *grand commun* du château. Le plan de la nouvelle ville que Louis XIV voulait créer autour de son château avait été dressé dès 1670. Des terrains furent donnés aux seigneurs de la Cour pour y bâtir des hôtels, et les nouvelles constructions furent encouragées par divers privilèges et exemptions. Elles s'élevèrent principalement au N., dans le quartier dit la Ville-Neuve, et qui se compose des rues des Réservoirs, Carnot, de la Paroisse, de la rue et de la place Hoche. L'autre quartier, ou le vieux Versailles, comprenait les rues de la Surintendance, de l'Orangerie, du Vieux-Versailles et de Satory. La population urbaine s'accrut considérablement sous le règne de Louis XV. De nouveaux quartiers s'élevèrent. Une seconde paroisse, celle de *Saint-Louis*, fut formée en 1734 (la première paroisse était celle de *Notre-Dame*; l'évêché ne date que de 1802). Cependant Versailles, malgré ses augmentations, ne suffisait pas à contenir la population si nombreuse qui se pressait autour de la Cour. On construisit un nouveau quartier, composé de dix-huit rues alignées et traversé par les boulevards de la Reine et du Roi, sur le terrain occupé, sous Louis XIV, par les prés et le château de Clagny, dont l'état d'abandon fit ordonner alors la démolition. Les faubourgs, réunis à la ville en 1787, formèrent, à l'E., le quartier de *Montreuil* ou la paroisse de *Saint-Symphorien*. La même année, Louis XVI accorda à la ville proprement dite l'établissement d'une municipalité; et c'est de ce moment seulement qu'elle commença à vivre d'une vie indépendante du palais.

Le château de Versailles date de Louis XIII. Ce prince, qui venait continuellement chasser dans les bois du voisinage, fit d'abord construire un pavillon, dont on retrouve l'emplacement à l'angle de la rue Carnot et de l'avenue de Saint-Cloud. Bientôt il voulut avoir une véritable habitation; il en confia les plans à ses architectes, en 1624, et en devint, huit ans plus tard, le vrai *seigneur*, par l'achat qu'il fit de cette terre à François de Gondi, archevêque de Paris, moyennant 66,000 livres.

Le vieux château presque ruiné qui dépendait de ce fief fut abattu. A cette époque, des bois couvraient l'emplacement actuel de la place d'Armes. Une avenue, tracée dans ces bois, en face du château, est devenue, sous Louis XIV, la large avenue de Paris : toutefois les contre-allées n'en ont été rendues praticables qu'en 1774.

Dès 1661, l'architecte Le Vau ajoutait de nouvelles constructions au modeste château de Louis XIII. Mais ce fut seulement en 1682 que Louis XIV fixa définitivement à Versailles la résidence de la Cour et qu'il fit tracer la belle route qui le relie à Paris.

L'architecte Mansart ne put, malgré son insistance, obtenir de Louis XIV la démolition des bâtiments élevés par Louis XIII. Pour agrandir le château, il dut l'entourer, du côté du jardin, d'une enveloppe qui en doublait la profondeur. Il joignit les pavillons isolés, élevés en avant, et fit disparaître les arcades qui fermaient la *cour de Marbre*.

Du côté du jardin, Mansart avait conservé à la partie centrale une terrasse qui disparut en 1678 pour faire place à la grande galerie : les ailes du S. et du N., qui furent successivement construites, vinrent se rattacher à cette partie centrale. Ce palais si magnifique manquait non seulement d'ensemble, mais il était distribué d'une manière très incommode. C'est pour se soustraire à ces incommodités insupportables des appartements du palais de Versailles que Louis XIV fit bâtir Trianon à l'extrémité du parc; et, plus tard, le château de Marly.

Ce fut par les jardins que commencèrent les grands travaux qui devaient faire de Versailles la plus somptueuse des résidences royales. Le Nôtre fut chargé de les dessiner, et le parc que nous voyons aujourd'hui devint le chef-d'œuvre des *jardins français*.

Cependant, quand les allées eurent été plantées, les bassins construits, on s'aperçut, un peu tard, qu'à cause de la situation élevée de Versailles, l'eau prise des étangs du voisinage était insuffisante pour alimenter les bassins et les jets d'eau. Afin de remédier à ce manque d'eau, on imagina divers projets plus ou moins grandioses et l'on finit par se décider à puiser l'eau dans la Seine.

Une machine immense, construite par les Liégeois De Ville et Rennequin, fut établie à Marly. Elle mettait en jeu 221 pompes et devait faire monter les eaux de la Seine à la hauteur de 154 m. sur *l'aqueduc de Marly*, long de 643 m., et les amener à Versailles. Les travaux durèrent 7 ans et coûtèrent 3,674,864 livres. Quand l'eau de la *machine de Marly* arriva à Versailles, en 1683, on ne tarda pas à s'apercevoir qu'elle serait insuffisante; et comme, à cette époque, on venait de construire le château royal de Marly, elle fut réservée au service de cette dernière résidence. En 1741, une partie en fut rendue à Versailles.

Cependant l'eau manquait toujours à Versailles. On entreprit alors de détourner la rivière de l'Eure et de l'amener à Versailles. Les travaux furent commencés et poursuivis activement auprès de Maintenon. On creusa un canal de 40,000 m. depuis Pontgouin jusqu'à Berchère-la-Mingot et on commença l'aqueduc qui devait avoir une longueur de 5,920 m. et 242 arcades jetées sur la vallée de Maintenon. La création de ce canal coûta non seulement des sommes considérables, mais encore des soldats, qui furent employés à le creuser, y périrent par milliers. En 1688, la guerre vint heureusement interrompre ces travaux meurtriers. L'aqueduc, quand les travaux furent interrompus, avait env. 1,300 m. -

Après tant de travaux si tristement avortés, on se réduisit à un plan beaucoup plus modeste, et qui réussit enfin, ou à peu près. On songea à utiliser les eaux des étangs situés sur le plateau qui s'étend de Versailles à Rambouillet; et, « par un vaste système de rigoles et d'aqueducs souterrains présentant un développement de 50 lieues, on parvint à recueillir et à transporter à Versailles, comme cela se fait encore, les eaux de pluie et de fonte de neige qui tombent sur une surface de 8 à 9 lieues de long sur 3 ou 4 de large. » (Noailles, *Histoire de Mme de Maintenon*.) Le sol des jardins de Versailles est une sorte de parquet recouvrant les voûtes souterraines, qui ont sous le parterre jusqu'à 5 m. de hauteur, des aqueducs et des milliers de tuyaux.

Ces jardins, enfin pourvus d'eau, furent peuplés de statues dues au ciseau des plus habiles sculpteurs. Le parc de Versailles se divisa en grand et en petit parc : ce dernier, appelé plus souvent *les Jardins*, se composait du parc actuel; l'autre, qui renfermait plusieurs villages, était entouré d'un mur de 9 lieues de longueur.

On avait mal évalué les sommes énormes dépensées pour Versailles. On a prétendu que Louis XIV, effrayé de tant de dépenses, aurait brûlé les mémoires des ouvriers. Les comptes des bâtiments sont au contraire conservés dans un ordre parfait. M. Guiffrey, qui les a publiés, évalue à la somme de *soixante millions* environ pour tout le règne l'ensemble des dépenses de Louis XIV : « Si on considère d'autre part que la construction et la décoration du palais ont largement profité au développement des arts, ont contribué à établir la suprématie des peintres, des sculpteurs et des architectes de notre pays sur toute l'Europe, ont singulièrement développé l'activité industrielle de la France, on reconnaîtra peut-être que ces prodigalités ne sont pas restées stériles. »

En 1682, Versailles devint la résidence presque permanente de la cour. Mais aux gloires et aux fêtes succédèrent des revers. En 1709, Louis XIV envoya à la Monnaie son trône d'argent et les meubles les plus précieux de son palais, pour subvenir aux frais de la guerre. Il mourut à Versailles, le 1er septembre 1715.

Louis XV ne vint habiter Versailles qu'en 1722. — L'intérieur du Roi, surtout à partir de la faveur de Mme de Pompadour, subit des transformations conformes à la vie de simple particulier que voulait mener le souverain : quelques-unes de ses vastes pièces furent converties en petits réduits. Cependant quelques importantes additions furent faites aux grandes constructions de Louis XIV. Le Salon d'Hercule fut terminé en 1736. En 1753, l'architecte Gabriel commença la grande salle de spectacle, achevée en 1770, et, vers 1772, le pavillon parallèle à la chapelle dont l'architecture fait, avec le reste des bâtiments, un contraste choquant quand on arrive par la cour d'honneur.

La ville qui avait vu les excès de la royauté devait en voir aussi la première expiation ; et ce fut l'infortuné Louis XVI qui en subit le châtiment. Nous ne pouvons que rappeler ici l'affaire du collier, dont une des principales scènes se passa dans les bosquets de Versailles, et dont le scandale fut si fatal au prestige du trône.

Pendant l'année 1789, l'histoire de Versailles se confond avec celle de la Révolution. C'est dans le Jeu de Paume de cette ville que le Tiers-Etat, bientôt l'Assemblée nationale, se réfugia et refusa de se dissoudre.

On peut lire, dans toutes les histoires de la Révolution, le récit des journées des 5 et 6 octobre, où la royale demeure de Versailles ayant été violée par le peuple de Paris, le roi et la reine furent obligés de venir s'installer à Paris avec l'Assemblée nationale. Cette insurrection avait été provoquée par le banquet donné quelques jours auparavant par les gardes du corps dans la salle de théâtre du château.

Depuis cette époque Versailles n'a plus été la résidence des rois. La Convention fit faire l'inventaire du mobilier, qui fut entièrement vendu. Napoléon ordonna de grandes réparations à Versailles. Sous Louis XVIII et Charles X, 6 millions furent consacrés à réparer les façades du château, à restaurer les peintures et les dorures et à élever un pavillon (le pavillon Dufour) correspondant à celui qui avait été construit sous Louis XV et dont il a été parlé plus haut.

Louis-Philippe a rendu au château de Versailles une partie de son ancienne splendeur. Il l'a débarrassé des petits logements qui l'obstruaient, faisant, il est vrai, disparaître beaucoup de belles décorations auxquelles on n'attachait pas d'intérêt à son époque. Le vaste musée de Versailles est son œuvre personnelle, payée en grande partie sur sa fortune privée. Lui-même il a discuté le plan de toutes les salles et des galeries, qui contiennent env. 5,200 objets d'art, soit plus de 4,000 tableaux et portraits et env. 1,000 œuvres de sculpture. Les sommes dépensées s'élevèrent en bloc à 23,494,000 fr.

Versailles éprouva, pendant la guerre de 1870-1871, moins de souffrances matérielles que la plupart des autres villes des environs de Paris, mais elle eut la douleur de servir de quartier général aux Allemands et de voir profaner le palais de nos rois, devenu notre musée national. Le 19 septembre, les barrières étant fermées et les postes gardés, une capitulation honorable fut signée, mais le lendemain les Allemands la violèrent après l'arrivée de leurs troupes. Le roi Guillaume de Prusse fait son entrée à Versailles le 5 octobre et s'établit aussitôt dans la préfecture. C'est dans la grande galerie des Glaces, pleine des plus glorieux souvenirs du « grand siècle », que, le 18 janvier 1871, le roi Guillaume ceint le diadème impérial d'Allemagne.

Du 23 au 28 janvier, M. Jules Favre, muni des pleins pouvoirs du gouvernement de la Défense nationale, vint tous les soirs traiter de l'armistice avec M. de Bismark, qui avait choisi pour résidence un hôtel de la rue de Provence. On connaît le résultat de ces négociations. L'Assemblée nationale, élue le 8 février, réunie le 12 à Bordeaux, acceptait, le 1er mars, les préliminaires de paix signés le 26 février à Versailles.

Le 2 mars, l'empereur Guillaume quittait la préfecture; mais son armée n'abandonna définitivement la ville que le 11. Le 10, l'Assemblée nationale décidait à Bordeaux qu'elle siégerait au château de Versailles, et le 20 elle y tenait sa première séance, au moment où l'insurrection devenait maîtresse de la capitale.

Depuis le 8 mars 1876 jusqu'en 1879, le Sénat, créé par la constitution du 25 février 1875, tint, comme l'Assemblée, ses séances au château de Versailles, dans l'ancien Opéra.

Au lendemain de tant de désastres, Versailles se souvint qu'elle était la patrie d'une de nos gloires militaires les plus pures, et elle institua, pour célébrer l'anniversaire de la naissance de Hoche, une fête annuelle, qui a lieu en juin, avec beaucoup d'éclat. Enfin, il convient de rappeler qu'en 1889, la Patrie française relevée solennisa à Versailles, dans une inoubliable journée, le centenaire des grands événements dont cette ville avait été le théâtre au début de la Révolution. Cette cérémonie, au cours de laquelle le président Carnot, entouré des membres du gouvernement et de tous les grands corps de l'Etat, inaugura le bassin de Neptune, remis en état de service, fut le prélude et la première des grandes fêtes du Centenaire et de l'Exposition universelle.

Emploi du temps.

Il faut une journée entière pour voir sommairement Versailles, c'est-à-dire jeter un coup d'œil sur la ville, parcourir rapidement les jardins et les Trianons, traverser le Château en s'arrêtant aux œuvres d'art les plus remarquables du Musée national et en terminant par la visite des appartements. On fera bien de partir de Paris d'assez bonne heure, de manière à avoir vu la ville (surtout les églises Saint-Louis et Notre-Dame), les parcs et les Trianons avant midi. Pour cela, il faut prendre une voit. à l'heure à la descente du train et donner l'ordre au cocher d'aller de suite aux églises, puis à travers le parc au Grand-Trianon, où l'on arrivera pour l'heure d'ouverture (10 h. l'été, 11 h. l'hiver); la voit. reprendra les promeneurs à la sortie de la remise des voitures de gala et les conduira au Petit-Trianon, d'où elle les amènera à la place d'Armes. On règlera le cocher et on déjeunera dans l'un des nombreux restaurants ou hôtels du voisinage, de manière à réserver l'après-dinée tout entière à la visite du Château.

Description de la ville.

On arrive à Versailles par trois gares : gare de la rive droite (trains de Paris-Saint-Lazare), gare de la rive gauche (trains de Paris-Montparnasse) et gare des Chantiers (ligne de Bretagne et Grande-Ceinture), ou bien encore par le tramway à air comprimé de Paris-quai du Louvre.

L'objectif de la généralité des visiteurs étant le Château, nous allons indiquer tout de suite la direction à prendre pour s'y rendre des différentes gares.

En descendant du train à la gare de la rive droite (omnibus et tram électrique), on se trouve sur la *rue Duplessis*; en suivant cette rue à g., on débouche sur l'avenue de Saint-Cloud, que l'on prend à dr. et qui aboutit à la place d'Armes, devant la grille du Château.

En descendant du train à la gare de la rive gauche (omnibus et tram électrique), à g. de laquelle on aperçoit l'*Hôtel de Ville*, jolie construction élevée en 1898-1900 par l'architecte Legrand, on est sur l'*avenue Thiers*; que l'on suive cette avenue à g. pour déboucher dans l'avenue de Sceaux ou à dr. pour déboucher dans l'avenue de Paris, on arrivera à la place d'Armes par l'une ou l'autre de ces deux avenues.

Le trajet est plus long si l'on arrive par la gare des Chantiers, et l'on fera bien de prendre le tramway qui se trouve à la sortie de la gare et qui conduit devant le Château. Les piétons prendront, en face de la sortie, la rue qui débouche dans la rue des Chantiers et suivront à g. cette rue qui aboutit à l'avenue de Paris (*V.* ci-dessus); en suivant cette avenue à g., on arrive à la place d'Armes. Quant aux promeneurs qui arrivent à Versailles par le tramway du Louvre, ils ne seront pas embarrassés; ce tramway suit l'avenue de Paris et a son terminus à la place d'Armes même (côté dr., rue Colbert), devant le Château.

La place d'Armes, le rendez-vous des visiteurs, offre un aspect grandiose avec la grille qui donne accès dans l'avant-cour du Château (*V.* ci-après), dont les constructions monumentales et de solennelle allure sont bien en proportion avec les dimensions de la cour, de la place, et des larges artères qui y aboutissent. Si écrasant est le Château au fond de la perspective que les côtés de la place d'Armes en ont leurs constructions singulièrement rapetissées. Le côté g. s'appelle *rue de la Chancellerie*, le côté dr. *rue Colbert* et tous deux, mais plus encore le côté dr. que le côté g., sont occupés par des restaurants.

La place d'Armes est le point de convergence des grandes artères versaillaises. C'est là qu'aboutissent trois énormes avenues : au centre l'avenue de Paris (*V.* ci-dessus), à g. l'avenue de Sceaux (*V.* ci-dessus), à g. de laquelle s'étend le quartier Saint-Louis, et à dr. l'avenue de Saint-Cloud (*V.* ci-dessus), à dr. de laquelle s'étend le quartier Notre-Dame, la fraction la plus importante de l'agglomération urbaine.

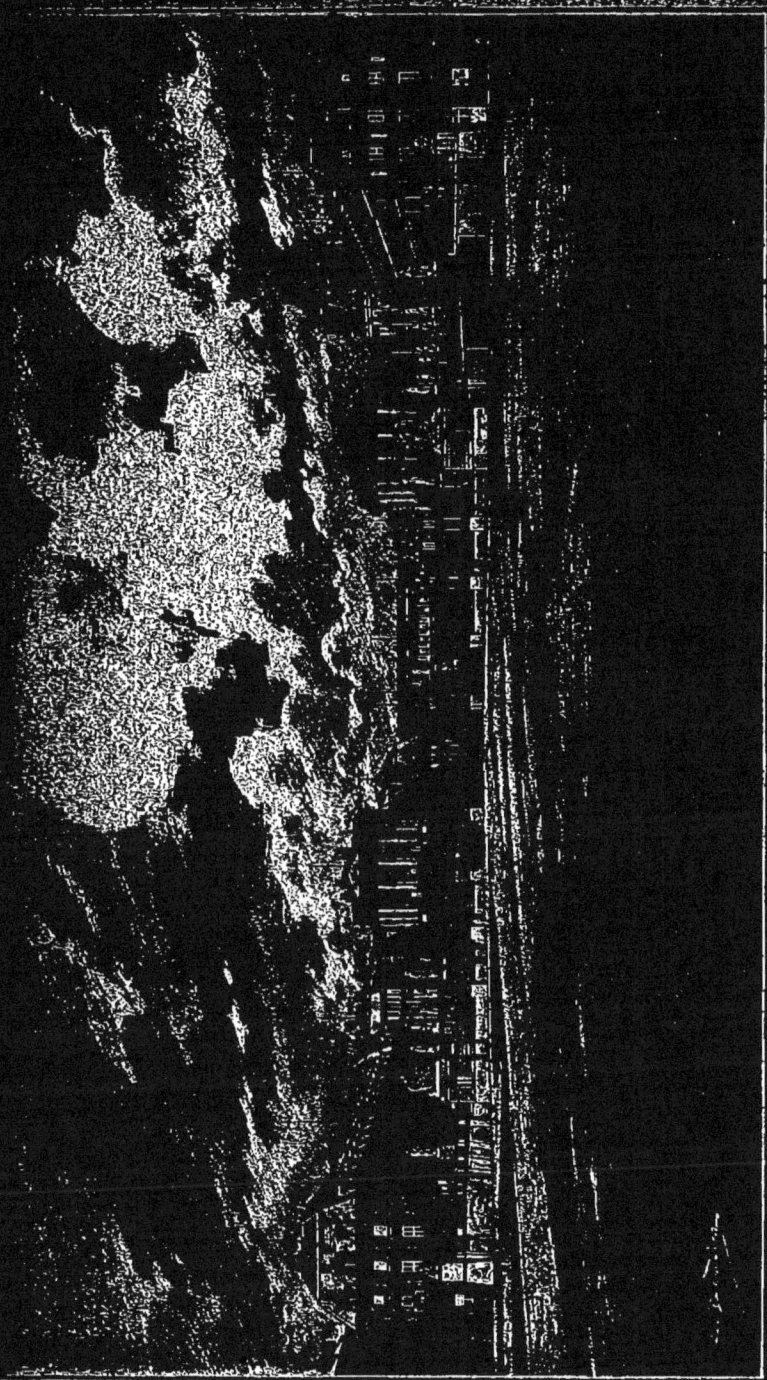

Deux immenses casernes, construites sur le dessin de Mansart, de 1679 à 1685, pour servir d'écuries au château, occupent les angles aigus formés par ces grandes avenues à leur débouché sur la place d'Armes : à dr., la *caserne des Grandes-Ecuries* (artillerie), entre l'avenue de Paris à g. et l'avenue de Saint-Cloud à dr.; à g., la *caserne des Petites-Ecuries* (génie), entre l'avenue de Sceaux à g. et l'avenue de Paris à dr.

Sur le côté dr. de la place d'Armes (rue Colbert), où vient déboucher l'avenue de Saint-Cloud, s'ouvre la *rue Hoche*, qui conduit à la **place Hoche**, la plus belle de Versailles après la place d'Armes, et au centre de laquelle s'élève (1836) la **statue** en bronze **du général Hoche** par Lemaire, avec cette inscription : *Hoche, né à Versailles le 24 juin 1768, soldat à 16 ans, général en chef à 25, mort à 29, pacificateur de la Vendée.* Au delà de la place Hoche, la rue Hoche se continue jusqu'à la *rue de la Paroisse,* en face de Notre-Dame.

L'église **Notre-Dame** a été construite par Hardouin Mansart, de 1684 à 1686. Louis XIV, qui allait quelquefois communier à la paroisse, y touchait jusqu'à 1,300 scrofuleux.

1re chapelle à g. : cénotaphe élevé au comte de Vergennes, ministre sous Louis XVI; monument (1860) renfermant le cœur de Hoche; buste de Hardouin-Mansart et plaque de marbre noir à la mémoire de La Quintinie. — A dr., chapelle précédant la sacristie : sur l'autel, *Saint Vincent de Paul prêchant,* tableau de Restout (1739). — Chaire sculptée par Caffieri, la même que sous Louis XIV. — Au chevet, chapelle en rotonde avec déambulatoire et coupole, construite en 1867 (*Assomption,* par Michel Corneille).

Sur le côté g. de la place d'Armes (rue de la Chancellerie), où vient déboucher l'avenue de Sceaux, s'ouvrent la *rue du Jeu de Paume,* où l'on visitera avec intérêt la salle du Jeu de Paume, et la longue **rue de Satory,** par laquelle on peut se rendre à la cathédrale.

La **salle du Jeu de Paume** a été le berceau à jamais célèbre de la Révolution française. Cette salle, dont la construction remonte à 1686, a servi d'atelier à Gros et à Horace Vernet. Elle a été transformée en *Musée de la Révolution,* dépendant du Musée national (ouvert t. l. j. de 11 h. à 4 h., excepté le lundi). Une plaque de marbre, placée au-dessus de la porte, porte l'inscription suivante : « Dans ce jeu de Paume, le 20 juin 1789, les députés du peuple, repoussés du lieu ordinaire de leurs séances, jurèrent de ne point se séparer qu'ils n'eussent donné une Constitution à la France. »

Dans l'intérieur de la salle, qui n'est pas très vaste, on lit sur les murs les noms de tous les membres de l'assemblée qui signèrent le serment, d'après l'original des signatures, dont un fac-simile est exposé. Sur le mur du fond M. Luc-Olivier Merson a reproduit, en camaïeu, le *Serment du Jeu de Paume,* de David, composition qui est malheureusement peu exacte historiquement.

I. Thuillier, Del.t   Échelle :   Imp. Dufrénoy, Paris

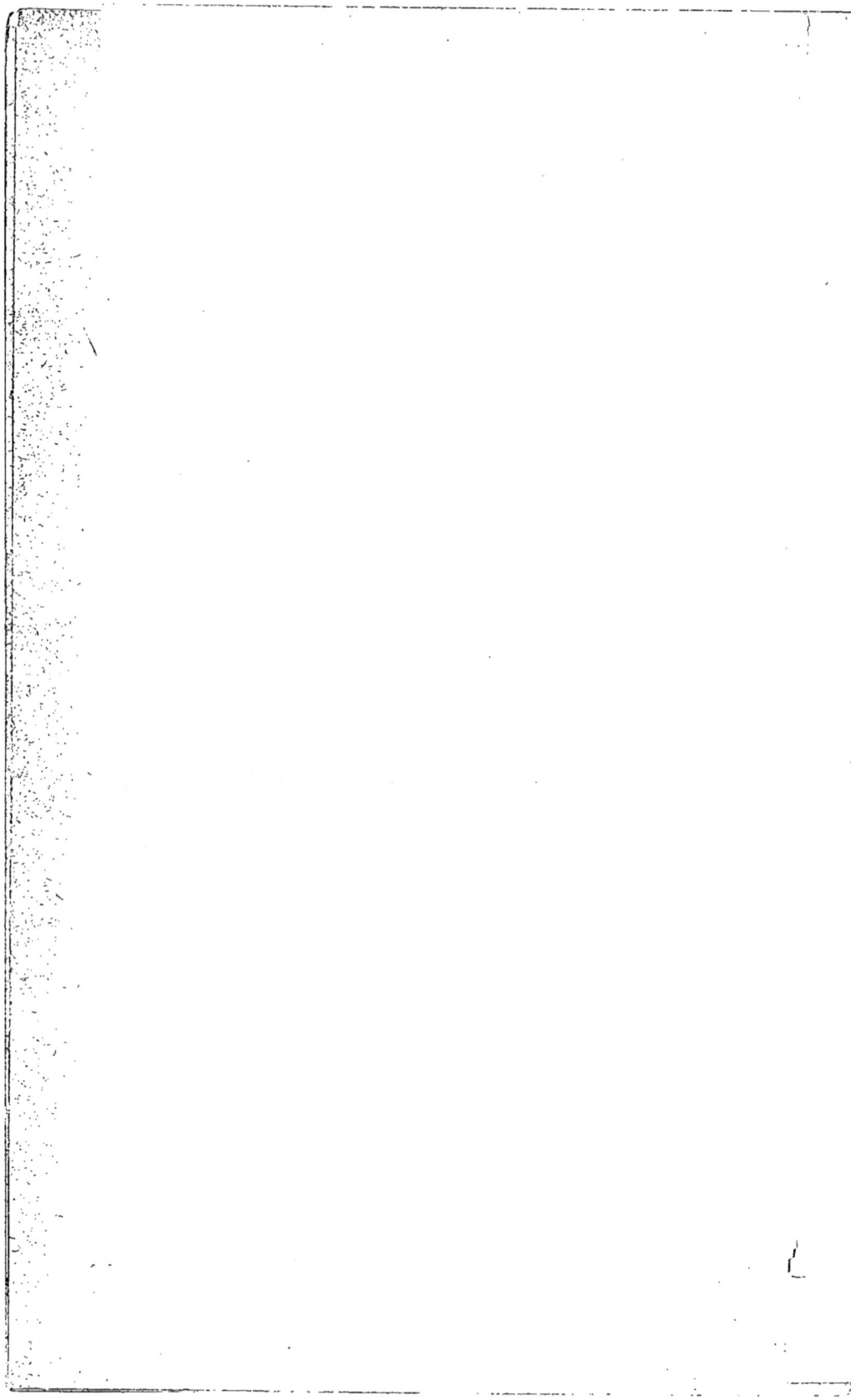

Sous un entablement appliqué contre le mur et surmonté par le coq gaulois a été gravée, sur une plaque de cuivre, l'inscription de la porte d'entrée. — Au-devant se dresse la *statue de Bailly*, dont on voit, au fond de la salle à g., le portrait par *Couder*; et, autour de la salle, sont rangés vingt et un bustes représentant les principaux membres du Tiers Etat qui prirent part à la séance du 20 juin 1789.

Dans des vitrines sont exposées de nombreuses gravures du temps représentant des cérémonies ou des événements de l'époque révolutionnaire, un moulage de la tête de Mirabeau, des symboles, des autographes d'hommes célèbres de cette époque et, enfin, les portraits gravés d'un grand nombre de membres de l'Assemblée nationale.

L'église **Saint-Louis** (cathédrale) a été bâtie en 1743, par Mansart de Sagonne, petit-fils du célèbre Hardouin. Cette église, où le clergé se réunit solennellement au Tiers Etat après le serment du Jeu de Paume, se trouve sur une petite place ornée de la *statue* en bronze (1843) *de l'abbé de l'Epée* (par Michaut), né à Versailles (1712-1789).

A l'int. : fenêtres du chœur et des chapelles latérales ornées de vitraux modernes; *confessionnaux* en boiseries anciennes, richement sculptées; *orgue* construit par Clicquot et inauguré en 1761, remis à neuf (3,131 tuyaux); *banc d'œuvre*, en bois sculpté, travail remarquable de l'époque Louis XIV. Bas coté dr. : 3ᵉ chapelle : *Présentation de la Vierge au Temple*, par Colier de Vermont (1755); 4ᵉ : *monument* en marbre blanc, par Pradier (1821), érigé par la ville à la mémoire du duc de Berry, né à Versailles. — Transsept dr. : *La Nativité*, tableau ancien. — Sacristie : *Résurrection du fils de la Veuve de Naïm*, immense tableau, par J. Jouvenet. — Pourtour du chœur : 2ᵉ chapelle : *Saint Louis*, en culotte de satin, par Le Moyne; 3ᵉ: *Prédication de saint Jean*, par Boucher, dans le style de ses bergeries; chapelle de l'abside : vitraux composés par Dévéria et exécutés à la manufacture de Sèvres : l'*Annonciation* et l'*Assomption*. — Transsept g. : *Descente de croix*, tableau ancien. — Bas coté g. (en descendant) : 1ʳᵉ chapelle : *saint Pierre sauvé des eaux*, par Boucher, et *saint Pierre délivré des liens*, par Deshayes (1701).

Quand, de la place d'Armes, ayant pénétré dans l'avant-cour du château, on se trouve au point central occupé par la statue équestre de Louis XIV (*V.* ci-dessous), on a à dr. et à g. deux grilles qui s'ouvrent sur deux importantes artères parallèles : à dr., la rue des Réservoirs; à g., la rue Gambetta.

La *rue des Réservoirs* doit son nom aux réservoirs qui s'y trouvaient jadis et non au *réservoir* dit *de l'Opéra*, placé à l'extrémité de l'aile N. du Château, et dont le mur de soutènement domine la rue. C'est dans cette artère que se trouve le *Grand-Théâtre*, que Mᴹᵉ Montansier, qui en avait obtenu le privilège en 1775, ouvrit en 1777. La rue des Réservoirs aboutit au *boulevard de la Reine* (en suivant ce boulevard à g., puis l'*avenue de Trianon*, on arriverait au Grand-Trianon) et, après avoir croisé ce boulevard, se prolonge par le *boulevard du Roi*.

La *rue Gambetta* est bordée à g. par l'*hôpital militaire*, ancien *Grand-Commun*, édifice qui pouvait loger 2,000 personnes attachées au service du château, par l'*école d'artillerie et du géni* (dans la cour, *buste de Lazare Carnot*) et (n° 5) par la *Bibliothèque de la ville* (ouverte en semaine de midi à 5 h., fermée à 4 h. le dimanche et pendant les vacances de Pâques, ainsi que du 15 août au 1er octobre), qui occupe un édifice destiné sous Louis XV au ministère de la Marine, puis à celui des Affaires étrangères. Elle possède 130,000 vol., de fort belles décorations et des collections artistiques intéressantes, notamment au 3e étage, dans un petit musée local, une salle complète de moulages d'après *Houdon*, né à Versailles en 1740. Les belles boiseries du rez-de-chaussée sont du xviiie s. (1763).

La rue Gambetta se prolonge par l'*allée du Potager*, qui longe la pièce d'eau des Suisses. Entre cette allée et la rue de Satory se trouve le *Potager du Roi*, dessiné et planté par La Quintinie. Une *École nationale d'horticulture* (entrée par la *rue du Potager*) y a été créée en 1874 (dans la cour d'honneur, *buste*, en marbre, de l'agronome *Pierre Joigneaux*, 1815-1892, par Bacquet); une station modèle météorologique est annexée à l'école.

Parmi les monuments publics de Versailles, nous citerons encore : l'*église Sainte-Elisabeth* (à l'extrémité de la rue des Chantiers), qui renferme, au-dessus du maître-autel, le *Miracle des Roses*, tableau de Paul-Hippolyte Flandrin ; — l'**hôtel de la Préfecture** (avenue de Paris ; bureaux rue Saint-Pierre ; à l'int., peintures de Lambinet, Félix Barrias, Gendron et Jobbé-Duval); — l'*hôtel de ville* (à côté de la gare de la rive g.), ancien hôtel du grand maître de la maison du roi ; — l'*hôpital-hospice* (467 lits), rue Richaud, 5 ; — le *lycée Hoche* (avenue de Saint-Cloud), avec une jolie chapelle ; — le *palais de justice* (rue Saint-Pierre) ancien hôtel du grand veneur ; — le *garde-meuble*, autrefois la vénerie ; — le *petit séminaire*, installé dans l'ancien bâtiment de la surintendance ; — le *temple protestant*, rue Hoche, 3 ; — l'*église anglicane*, au coin de la rue Carnot et de la rue du Peintre-Lebrun ; — la *synagogue* (rue Albert-Joly, 10), de style roman, construite en 1886 par Aldrophe, aux frais de Mme Furtado-Heine ; — le *Conservatoire de musique*, rue Sainte-Adélaïde, 7 ; — la *salle des concerts* ou *théâtre des Variétés*, rue de la Chancellerie, 10 ; — la *statue* en marbre du sculpteur *Houdon*, né à Versailles (1741-1828), par Tony Noël, avec piédestal de Paul Favier, dans le *square Duplessis*, à l'extrémité de la rue Duplessis, au bas de Clagny.

Château.

Le **Château de Versailles** comprend trois corps de bâtiments principaux : une partie centrale et deux ailes. Du côté des jardins il offre aux regards une ligne d'une grande étendue (415 m. 27 cent., sans compter les façades en retour), sur laquelle s'avance le corps central. Du côté de la grande cour nommée autrefois *Avant-cour* ou *cour des Ministres*, au contraire, non seulément on ne peut pas en embrasser toute l'étendue, mais, à cause des deux pavillons qui s'y projettent en avant, il ne présente que des lignes qui fuient et des parties rentrantes : une cour centrale, la *cour Royale*, dans la portion comprise entre les deux ailes (au fond est la petite *cour de Marbre*), et deux petites cours latérales, la *cour des Princes* à g., et la *cour de la Chapelle*, à dr.

La **cour du Château**, créée par Louis XIV, a subi depuis plusieurs changements. On consultera avec intérêt les tableaux du Musée nᵒˢ 725 et 726 (dans la grande salle des *Résidences royales*, n° 34 du pl. II), qui montrent l'état du Château vers 1664 et 1722. La porte de la grille était à l'endroit où est placée aujourd'hui la statue équestre de Louis XIV. Une grille dorée sépare la cour de la place d'Armes. De chaque côté de cette grille est un groupe en pierre : à dr., la *France triomphant de l'Empire*, par Marsy; à g., la *France triomphant de l'Espagne*, par Girardon; plus en arrière, aux deux extrémités de la balustrade, sont deux autres groupes : à dr., la *Paix*, par Tuby; à g., l'*Abondance*, par Coysevox. Seize statues en marbre ornent à dr. et à g. la grande cour. Ces statues sont, à dr. : *Richelieu*, par Ramey; *Bayard*, par Moutoni; *Colbert*, par Milhomme; *Jourdan* et *Masséna*, par Espercieux; *Tourville*, par Marin; *Duguay-Trouin*, par Dupasquier; *Turenne*, par Gois. A g. : *Suger*, par Stouf; *Du Guesclin*, par Bridan; *Sully*, par Espercieux; *Lannes*, par Callamard; *Mortier*, par Calamatta; *Suffren*, par Lesueur; *Duquesne*, par Roguier, et *Condé*, par David d'Angers.

Au milieu de la cour, la *statue* équestre moderne, en bronze, de *Louis XIV*, est de Petitot et de Cartellier. Le cheval est de ce dernier.

Des deux côtés s'élèvent les deux pavillons modernes qui se projettent en avant, ornés de colonnes corinthiennes; sur leur fronton triangulaire se lit cette inscription : *A toutes les gloires de la France*.

La petite cour carrée du fond, entre les deux pavillons, qui était celle de l'ancien château de Louis XIII, a été nommée, à cause de son dallage, la cour de Marbre.

La **cour de Marbre** (Pl. 17), autrefois plus élevée de 1 m. 75 que les appartements du rez-de-chaussée, a été abaissée sous Louis-Philippe, et n'est plus élevée que d'une marche au-dessus de la cour précédente. Elle servit quelquefois à des fêtes données par Louis XIV; en 1664, l'opéra d'*Alceste*, par Lully et Quinault, y fut représenté. Dans la matinée du 6 octobre 1789, ce fut au balcon du premier étage que Louis XVI et Marie-Antoinette se virent forcés de se montrer au peuple qui remplissait la cour, avec des menaces de mort. Des cris se firent ensuite entendre, appelant : « La reine seule! » et elle s'avança seule sur le balcon.

De la grande cour on peut gagner les jardins par les passages qui sont au fond, soit de la *cour des Princes*, à g., soit de la *cour de la Chapelle*, à

dr. (*V.* Pl. II). C'est ordinairement de ce côté que l'on entre dans le Musée. La salle d'entrée au rez-de-chaussée (sous le vestibule ouvert, qui sert de passage entre la cour de la Chapelle et les jardins) est à dr. Elle sert de vestibule à la chapelle (1, Pl. II).

La **chapelle** (Pl. II), commencée en 1696, achevée en 1710, est le dernier ouvrage de Mansart. La toiture a été restaurée en 1876. — C'est un édifice admirablement complet, et dont on peut prendre une idée suffisante de la grande porte de la tribune royale au 1er étage, porte devant laquelle on passe nécessairement, et qui est toujours ouverte.

L'intérieur, richement décoré, orné de statues et de bas-reliefs, est à peu près dans l'état où l'a laissé Louis XVI en quittant Versailles. Il est divisé en deux parties par une tribune de pourtour, à la hauteur de la tribune du roi : la partie basse et la partie haute. — Dans la partie basse sont sept autels ou chapelles ornés de bas-reliefs en bronze (en commençant par la dr.) : 1er autel, *Ste Adélaïde quittant saint Odilon*, par Adam ; 2e *Ste Anne instruisant la Vierge*, par Vinache ; 3e *St Charles Borromée pendant la peste de Milan*, par Bouchardon ; 4e chapelle du Sacré-Cœur de Jésus ; en face de cette chapelle, contre le maître-autel, la *Cène*, tableau par Silvestre ; 5e *Martyre de St Philippe*, par Ladatte ; 6e chapelle de St Louis : *St Louis servant les pauvres*, bas-relief, par A. Slodtz, et *St Louis soignant les blessés*, tableau d'autel, par Jouvenet ; 7e *Martyre de Ste Victoire*, par Adam. — La partie haute est divisée en 15 travées en majeure partie ornées de bas-reliefs, par Lelorrain, Slodtz, Lemoine, Lepautre, etc., et dont les plafonds ont été peints par Bon et Louis Boulogne. Dans la 11e travée, *Ste Thérèse en extase*, tableau par Santerre, et la *Mort de Ste Thérèse*, bas-relief par Vinache ; dans la chapelle de la Vierge (au-dessus de celle de St Louis), le tableau d'autel représentant l'*Annonciation*, peintures du plafond et voussures par Bon Boulogne ; la *Visitation*, bas-relief, par Coustou. — Voûte de la nef ; au centre : le *Père Éternel dans sa gloire*, par A. Coypel. — Voûte du chevet : la *Résurrection du Christ*, par Lafosse. — Au-dessus de la tribune du roi, en face du maître-autel : la *Descente du Saint-Esprit*, par Jouvenet.

Musée national.

Ouvert t. l. j. excepté le lundi, du 1er avril au 30 sept., de 11 h. du mat. à 5 h. du s. ; du 1er oct. au 31 mars, de 11 h. du mat. à 4 h. du soir. — Les visiteurs sont obsédés aux abords du palais par des guides tous étrangers à l'administration et dont les services sont superflus.

N. B. — La description des tableaux, objets d'art et curiosités que renferme chaque salle, commence par la droite,

Avis important. — Si le visiteur ne dispose que d'une demi-journée, il fera bien de renoncer à voir les premières salles de l'histoire de France et de monter tout de suite au premier étage par un des petits escaliers de la chapelle. Il est essentiel de voir les salles de peinture militaire moderne (Horace Vernet, etc.), les grands appartements, la galerie des Batailles, l'attique Chimay et les nouvelles installations de portraits au rez-de-chaussée du midi.

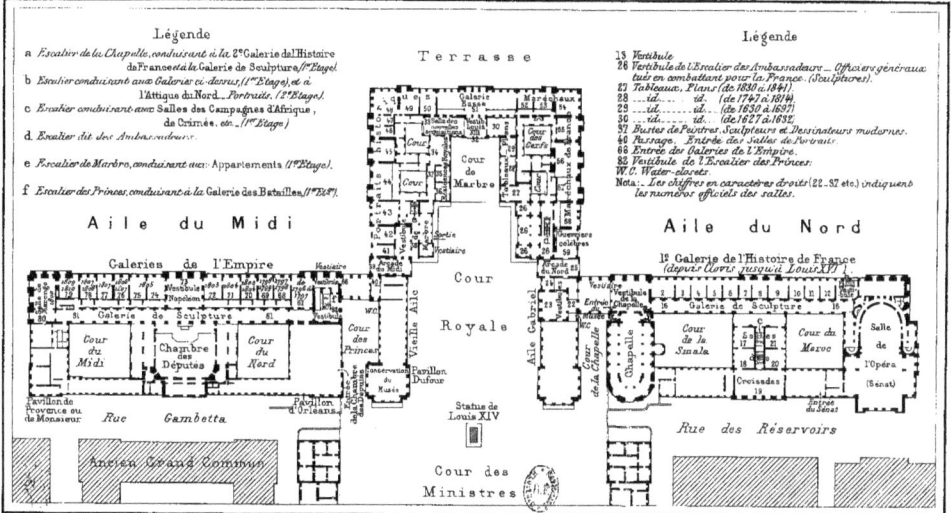

Rez-de-chaussée (Pl. 1; nᵒˢ 1 à 64).

AILE DU NORD

On entre par la cour de la Chapelle, à dr., dans un *vestibule* (Pl. 1; dépôt et vente de photographies et de catalogues; un volume décrit en détail les collections du Musée, par MM. de Nolhac et Pérat), où l'on remarque un bas-relief allégorique (le passage du Rhin par Louis XIV), œuvre de *Coustou*.

Laissant à dr. un petit escalier qui conduit au vestibule de la chapelle (1ᵉʳ étage) et une galerie de sculpture, on traverse le vestibule.

1ʳᵉ Galerie de l'histoire de France (Pl. 2 à 12), divisée en 11 salles ou galeries, renfermant des tableaux d'histoire, depuis Clovis jusqu'à Louis XIV. — Les 6 premières de ces salles formaient, sous Louis XIV, l'appartement du duc de Maine.

1ʳᵉ SALLE (Pl. 2) ¹. — 4. *Robert-Fleury*. Entrée triomphale de Clovis à Tours. — 10. *Ary Scheffer*. Charlemagne présente ses Capitulaires. — 19-32. *P. Delaroche*. Charlemagne traverse les Alpes. → 20. *Rouget*. St Louis médiateur entre le roi d'Angleterre et ses barons.

2ᵉ SALLE (Pl. 3). — 32. *Vinchon*. Sacre de Charles VII à Reims. — 34. *A. Johannot*. Bataille de Saint-Jacques.

3ᵉ SALLE (Pl. 4). — 37. *Vinchon*. Entrée des Français à Bordeaux. — 47. *Gassies*. Clémence de Louis XII. — 49. *Larivière*. Prise de Brescia.

4ᵉ SALLE (Pl. 5). — 52. *Ary Scheffer*. Mort de Gaston de Foix. — 59. *Schnetz*. Bataille de Cérisoles.

5ᵉ SALLE (Pl. 6). — 66 et 69. *Rouget*. Henri IV devant Paris; Assemblée des notables à Rouen. — 61 et 68. *Dévéria*. Levée du siège de Metz; Combat de Fontaine-Française.

6ᵉ SALLE (Pl. 7). — 98 et 101. *Van der Meulen*. Prise du fort de Joux; Prise d'Ypres.

7ᵉ SALLE (Pl. 8). — 104 et 112. — *Gallait*. Reddition de Spire; Prise de Neustadt.

8ᵉ SALLE (Pl. 9). — 168. *Huber*. Congrès de Rastadt. — 166. *Couder*. Prise de Lerida. — 160. *Parrocel*. Combat de Leuze.

9ᵉ SALLE (Pl. 10). — 180. *Couder*. Prise de Philippsbourg.

10ᵉ SALLE (Pl. 11). — 200. *Parrocel*, Siège d'Oudenarde. — 220. *Monsiau*, Louis XVI donnant des instructions à La Pérouse.

11ᵉ SALLE (Pl. 12). — 221. *Crépin*. Louis XVI visitant le port de Cherbourg. — 223. *Hersent*. Louis XVI distribue des secours aux pauvres. — On traverse le

VESTIBULE (Pl. 13) de l'escalier de l'aile du N., conduisant aux étages supérieurs. On tourne à dr.

1ʳᵉ Galerie de sculpture. — Cette galerie renferme les tombeaux et les statues des rois de France et des personnages célèbres depuis Clovis jusqu'à Louis XIV, moulés, pour la plupart, sur les tombeaux de Saint-Denis. — 294. Buste d'Isabeau de Bavière. — 324 *Germain Pilon*. Henri II; 325. Catherine de Médicis. — 315. *Bontemps*. François Iᵉʳ. — 261. *Barre*. Isabelle d'Aragon. — 310. *Bourdin*. Louis XI; etc.

Au milieu de cette galerie, en face du moulage du superbe *monument* (nᵒ 311) de Ferdinand V et d'Isabelle de Castille, de la chapelle royale de Grenade, s'ouvrent à dr. cinq salles (peu intéressantes) renfermant les tableaux consacrés à l'histoire des Croisades. Elles occupent, avec la partie de la galerie de sculpture qui leur sert de vestibule, le rez-de-chaussée de l'ancien pavillon de Noailles et formaient autrefois des appartements

---

1. Les chiffres entre parenthèses indiquent les nᵒˢ des salles sur les plans.

pour quelques personnes de la suite du roi, de la reine et des princes. Les plafonds et les frises sont décorés des armoiries des rois, princes, seigneurs et chevaliers qui prirent part aux différentes croisades, ainsi que des grands maîtres et chevaliers des ordres religieux militaires.

1re SALLE (Pl. 17). — 392. *Gallait*. Baudoin couronné roi de Constantinople. — 380. *Larivière*. Bataille d'Ascalon.

2e SALLE (Pl. 18). — 415. *Jacquand*. Chapitre de l'ordre de Saint-Jean-de-Jérusalem. — 399. *Karl Girardet*. Gaucher de Châtillon défendant l'entrée du faubourg de Minièh. — 18 et 21. *Rouget*. Saint Louis reçoit les envoyés du Vieux de la Montagne; Mort de saint Louis.

3e SALLE (Pl. 19). — 4941. *H. Vernet*. Bataille de Las Navas de Tolosa. — 428. *Schnetz*. Procession des Croisés autour de Jérusalem. — 451. *Blondel*. Prise de Ptolémaïs. — 2673. *Schnetz*. Le comte Eudes défend Paris contre les Normands. — 472. *Larivière*. Levée du siège de Malte. — Au centre, tombeaux de Parisot de la Vallette et de Pierre d'Aubusson, grands maîtres de l'ordre de Malte.

4e SALLE (Pl. 20). — 374. *Signol*. Prédication de la deuxième croisade à Vézelay. — 366. *Granet*. Godefroy de Bouillon dépose dans l'église du Saint-Sépulcre les trophées d'Ascalon. — 365. *Schnetz*. Bataille d'Ascalon.

5e SALLE (Pl. 21). — 351 et 360. *Signol*. Passage du Bosphore; Prise de Jérusalem. — 350. *Hesse*. Adoption de Godefroy de Bouillon par Comnène.

On revient dans la galerie de sculpture, d'où un escalier à dr. conduit aux salles des guerres d'Afrique, de Crimée et d'Italie (1er étage; V. p. 24). Si on a beaucoup de temps et si on tient à voir tout le rez-de-chaussée, on prend à g. et on traverse le vestibule de la chapelle pour entrer, sous le passage, dans la partie centrale.

Si l'on a peu de temps, le mieux est de traverser la cour centrale et d'entrer par les trois arcades du vestibule dans les salles nouvelles du XVIIIe s., d'où l'on monte ensuite aux grands appartements.

PARTIE CENTRALE

VESTIBULES (Pl. 22 à 24), au nombre de trois, renfermant des tombeaux et des statues. On y voit aussi des bustes de rois et d'hommes illustres, parmi lesquels : — 480. *Houdon*. Le prince de Conti. — 492 et 494. *David*. De Jussieu et Lacépède, etc.

ARCADE DU NORD (Pl. 25). — Bustes et statues de maréchaux de France, par Pradier, Nanteuil, Jouffroy, etc.

ESCALIER DIT DES AMBASSADEURS ET VESTIBULES (Pl. 26), divisés en 7 parties. — Bustes et statues de généraux, par Pradier, Thérasse, Lemaire, Dantan, Debay, Maindron, Oudiné, etc. — On revient sur ses pas et l'on traverse les 8 salles qui précèdent la galerie Louis XIII.

Salle des Guerriers célèbres (Pl. 59). — Cette salle, autrefois coupée en deux et qui servait d'antichambre à Mme de Pompadour, contient des portraits militaires par *Rouget*, *Naigeon*, *Philippoteaux*.

Salles des Maréchaux. — Ces 7 salles contiennent les portraits (par *Larivière*, *Court*, *Ary Scheffer*, *Coigniet*, *H. Vernet*, *Decamps*, *Rouget*, *Gros*, *Schnetz*, *Caminade*, etc.) des maréchaux, depuis le maréchal de La Ferté (1651) jusqu'à nos jours.

Galerie basse ou Louis XIII et nouvelles salles de portraits historiques. — Ces salles (nos 41 à 51), qui contiennent de beaux restes de la décoration Louis XV alors qu'elles formaient l'appartement du Dauphin, père de Louis XVI († 1765), sont consacrées à l'exposition des principaux portraits du XVIIIe s., qui se trouvaient autrefois dans les attiques du Musée. Cette belle installation, qui ne comporte pas moins de 11 salles, présente à l'attention des chefs-d'œuvre de haut prix, par : *Largillière* (magistrats et artistes), *Rigaud* (Dangeau), *Nattier, Belle* (Louis XV ; Marie Leczinska et le Dauphin), *Drouais* (Louis XV), *Natoire* (le Dauphin, fils de Louis XV, et sa seconde femme, Marie-Josèphe de Saxe), *Tocqué* (l'Infante d'Espagne, première femme du Dauphin, fils de Louis XV). On y remarquera : salle 51 : le buste de Louis XVI, par *Houdon*, Marie-Antoinette et ses enfants, par *Mme Vigée-Lebrun*, l'armoire à bijoux de Marie-Antoinette (bronzes par Thomire), le bureau offert à Louis XVI par les Etats de Bourgogne (au-dessus, Enfant nu couché, par *Pigalle*) ; la statue de Turenne, par *Pajou* ; — salle 49 : une cheminée, une des plus belles du château, avec des bronzes de *Jacques Caffiéri* et surmontée d'une magnifique tapisserie des Gobelins reproduisant le portrait officiel de Louis XV, par Van Loo ; — salle 48, dite le **Salon des Nattier** : célèbre collection des portraits des filles de Louis XV ; beaux bustes (Voltaire et Diderot, par *Houdon*, Fontenelle, par *Lemoyne*, etc.) ; — salle 47 : joli spécimen de décoration, échappé en partie aux destructions de l'époque Louis-Philippe dans cette partie du château (ce fut la bibliothèque du Dauphin, fils de Louis XV) ; — salle 43 : curieuses scènes de *P.-D. Martin* : Louis XV sortant du Lit de justice de 1715 (avec une vue de l'ancien palais de justice de Paris) et le Sacre de Louis XV à Reims.

On sort sur l'escalier de marbre.

De la Galerie Basse, on peut aussi, à g., visiter les salles qui entourent la cour de Marbre.

Vestibule de Louis XIII (Pl. 32). — Statues : Bossuet, par *Pajou* ; Michel de l'Hôpital, par *Gois* ; Fénelon, par *Lecomte*.

Salle des Tableaux-Plans (Pl. 30 à 27). — 4 salles rarement ouvertes, contenant les plans d'un grand nombre de combats, depuis la levée du siège de l'île de Ré, en 1627, sous Louis XIII, jusqu'à la bataille d'Isly (1844). Une dizaine de ces tableaux étaient autrefois placés dans la galerie du château de Richelieu. La salle formant l'angle d'un des pavillons du château primitif de Louis XIII, faisait partie de la salle des gardes pour l'appartement particulier du roi, auquel conduisait un escalier désigné sous le nom d'*escalier du Roi*. « Louis XV venait de descendre cet escalier et de sortir de cette salle, dit la *Notice du Musée*, pour monter en voiture, lorsqu'il fut frappé par Damiens, le 3 janvier 1757, à 6 h. du soir. Peu de temps après, le garde des sceaux Machault, saisissant l'assassin dans la salle des gardes, lui fit tenailler les jambes en présence du chancelier de Lamoignon et de Bouillé, ministre des affaires étrangères, par deux gardes du corps armés de pinces rougies au feu, qui s'offrirent à faire ainsi l'office du bourreau. » C'est donc ici que commença cette série d'effroyables tortures auxquelles fut soumis l'assassin. L'emplacement se voit mieux de la cour, à la porte-fenêtre de la salle 27, qui était cette salle des gardes, entièrement modernisée à l'intérieur.

Salle des nouvelles acquisitions (Pl. 33). — L'exposition change assez souvent. On y trouve les achats récents faits par le Musée et les dons qu'il a reçus, avant leur répartition dans les séries où ils doivent être placés.

Salle des résidences royales (Pl. 34). — Cette salle est ainsi appelée parce qu'elle renferme de nombreuses et très curieuses vues des châteaux et résidences royales, par *J.-B. Martin, Allegrain* et *Hubert Robert* ces vues représentent notamment le palais de la Cité, la tour de Nesle, le vieux Louvre ; le château de Versailles en 1664, 1722 et 1788, les châteaux de Marly, Saint-Cloud, Meudon, Saint-Germain, Clagny, et c. Le n° 787, peint par Hubert Robert, présente une vue curieuse des démolitions des maisons du pont au Change et du quai des Morfondus, pour démasquer une des façades du Palais de Justice.

On gagne de là, par le vestibule 37, le

Vestibule (Pl. 38 ; buste de Louis XIV jeune, par *Warin*, exécuté en

1666), d'où l'on peut monter par l'*Escalier de marbre* ou *Escalier de la Reine* aux grands appartements.

On peut aussi gagner, par l'Arcade du Midi (Pl. 39; bustes et statues d'hommes célèbres), le passage du Midi, d'où, par le *Vestibule des Princes* (Pl. 66), on entrera dans les galeries de l'Empire.

AILE DU MIDI

(Entrée par la Cour des Princes).

VESTIBULE (Pl. 66) précédant les galeries de l'Empire. — Bustes de David, par *Rude;* du baron Gérard, par *Pradier*, etc.

Galeries de la République et de l'Empire, comprenant 12 salles dont les 6 premières formaient, sous Louis XIV, l'appartement du duc et de la duchesse de Bourbon.

1re SALLE (Pl. 67). — Tableaux représentant des batailles de la République, par *Bacler-d'Albe, Thévenin, Mauzaisse*, etc. Deux curieux tableaux du général *Lejeune*, le Pont de Lodi et la Bataille de Marengo.

2e SALLE (Pl. 68). — 1493. *Lethiere*. Préliminaires de paix signés à Léoben.

3e SALLE (Pl. 69). — 1497. *Girodet-Trioson*. Révolte du Caire. — 1498. *Guérin*. Bonaparte fait grâce aux révoltés.

4e SALLE (Pl. 70). — 1500. *Monsiau*. La Consulta de la République cisalpine réunie à Lyon.

5e SALLE (Pl. 71). — 1504. *Debret*. Première distribution des croix de la Légion d'honneur.

6e SALLE (Pl. 72). — Batailles par *Watelet, Lepoitevin, Jollivet, H. Bellangé, C. Roqueplan*, etc.

VESTIBULE NAPOLÉON (Pl. 73). — Bustes divers; moulage de la statue de Voltaire, par *Houdon*.

7e SALLE (Pl. 74). — 1546. *Debret*. Napoléon rend honneur au courage malheureux. — 1547. *Meynier*. Le maréchal Ney remet aux soldats du 76e de ligne ses drapeaux trouvés à Inspruck.

8e SALLE (Pl. 75). — 1549. *Girodet-Trioson*. Napoléon reçoit les clefs de Vienne. — 1551. *Gros*. Entrevue de Napoléon et de François Ier. — *Lejeune*. La Veillée d'Austerlitz, d'après des croquis pris sur place par l'artiste.

9e SALLE (Pl. 76). — 1552. *Meynier*. Napoléon à Berlin. — 1554. *Mauzaisse*. Bataille d'Eylau.

10e SALLE (Pl. 77). — 1555. *Gosse*. Napoléon reçoit la reine de Prusse.

11o SALLE (Pl. 78). — 1559. *C. Vernet*. Napoléon devant Madrid. — 1558. *B. Regnault*. Mariage du prince Jérôme. — 1560. *Gros*. Capitulation de Madrid.

12e SALLE (Pl. 79). 1565. *Rouget*. Mariage de Napoléon.

Salle de Marengo (Pl. 80). — 1567. D'après *David*. Le premier consul traverse les Alpes. — 1570. *Drolling*. Convention après la bataille de Marengo. — 1566. *Thévenin*. Passage du Grand Saint-Bernard. — La porte du fond, ornée de colonnes de marbre, donne accès dans les cinq salles (Pl. 60 et 61) réservées au président du Congrès, lorsque le Congrès se réunit à Versailles.

4e Galerie de sculpture. — Bustes et statues de savants, d'artistes, de généraux, d'hommes politiques, depuis Louis XVI jusqu'à nos jours. Les moulages de tombeaux anciens placés autrefois dans cette galerie lui avaient fait donner le nom de *Galerie des Tombeaux*. Elle sert, avec le vestibule Napoléon, de salle des Pas-Perdus aux députés et sénateurs, lors des séances du Congrès. — Au milieu de la galerie, à dr., deux portes conduisent à la salle du Congrès dont l'entrée est dans la cour des Princes, à dr. en sortant (s'y adresser pour la visiter).

VESTIBULE DE L'ESCALIER DES PRINCES (Pl. 82). — Bustes et statues de princes et de rois de France, par *Pradier, Brion, Desprez*, etc. — Bustes :

Légende

a   Escalier de la Chapelle, descendant au Vestiaire (Rez-de-Chée).
b   id. montant à l'Attique du Nord (2e Étage) et descendant à la 1ère Galerie de l'Histoire de France. (Rez-de-Chaussée).
c   Escalier descendant à la Galerie de Sculpture (Rez-de-Chaussée).
d   id. des Ambassadeurs, descendant aux salles de Généraux tués en combattant pour la France. (Rez-de-Chaussée).
e   Escalier de Marbre, descendant aux nouvelles Salle de Portraits
f   Escalier des Princes, descendant aux Galeries de l'Empire et à la Galerie de Sculptures, (Rez-de-Chaussée).
g   Escalier montant aux Attiques du Midi et de Chimay (2e Étage).

1ER ÉTAGE

Légende

94.119   Vestibules
122   Cabinet de la Reine des Petits Appartements de Marie Antoinette.
128.129   Cabinets des Chiens et Salle a manger de Louis XV.
132   Cabinet de Madame Adelaïde.
135   Vestibule de l'Escalier des Ambassadeurs.
138   Emplacement de l'Ancien Escalier des Ambassadeurs.
141   Campagnarde 1795 à 1796 (Anciennes Antichambres de Mme de Maintenon)
142   Chambre à coucher de Mme de Maintenon.
143   Cabinet de Mme de Maintenon.
146   Campagne de 1794 à 1793.
147   Vestibule de l'Escalier des Princes.
Nota: Les chiffres en caractères droits (108, 109 etc.) indiquent les numéros officiels des salles.

Aile du Midi

Aile du Nord

Galerie des Batailles
Galerie des Sculpture
Galerie de Sculpture

2e Galerie de l'Histoire de France
(de Louis XVI à Louis-Philippe)

Galerie de Sculpture

Cour des Princes

Attique Chimay

2ème ÉTAGE

Attique du Midi et

2ème ÉTAGE

Attique du Nord

g   Escalier descendant à l'Escalier de Marbre. (1er Étage)

b   Escalier descendant aux Galeries de l'Histoire de France (1er Étage & Rez-de-Chaussée).

Portraits historiques
Portraits

L. Thuillier, delt.   4 - 03   Imp. Dufrénoy, Paris

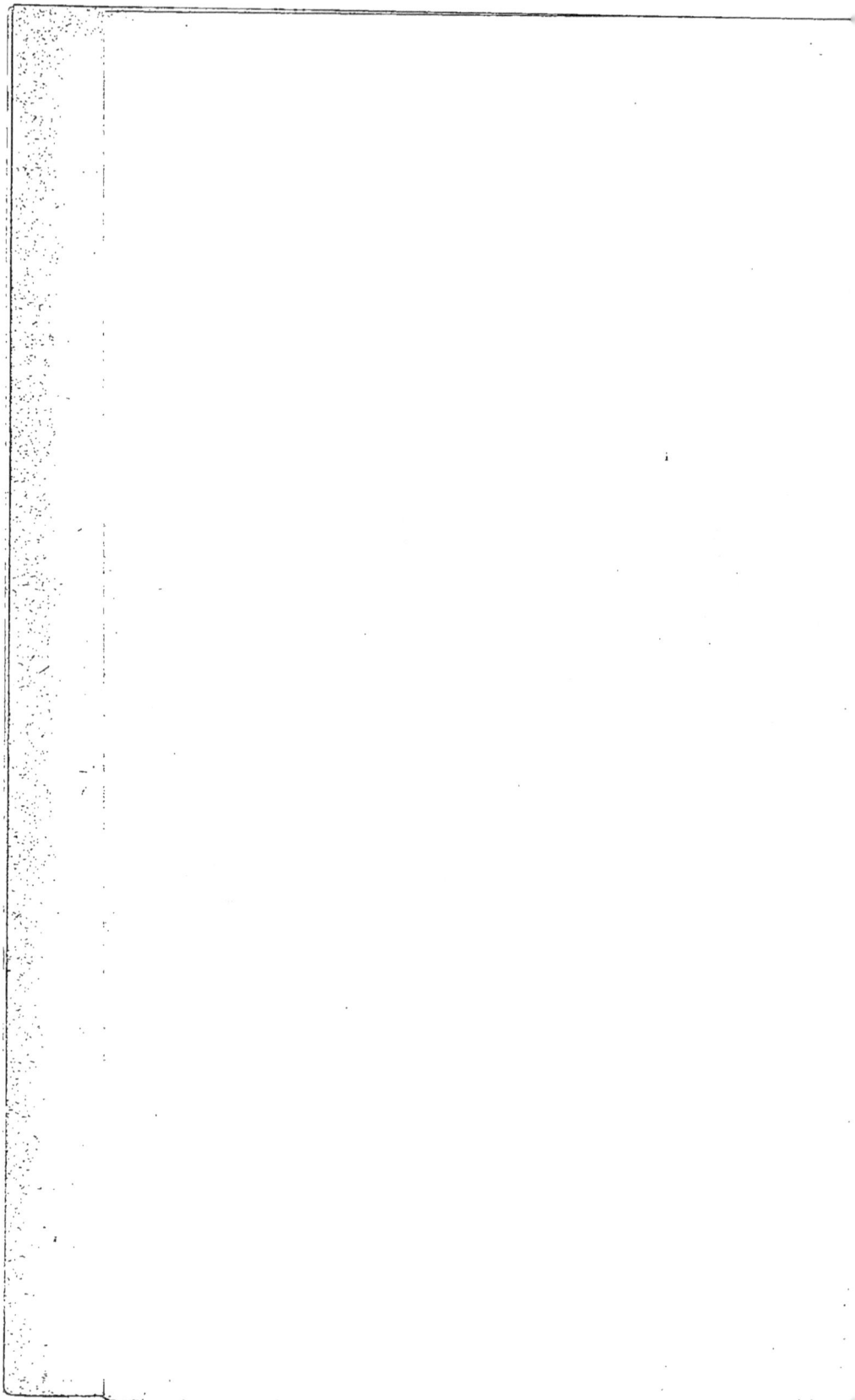

Le Nôtre par *Coysevox*, Ch. Lebrun par *Coysevox*, Mignard par *Desjardins*. — L'escalier des Princes conduit au 1ᵉʳ étage (galerie des Batailles). (*V.* p. 33).

1ᵉʳ étage.

AILE DU NORD

Du vestibule de la chapelle (Pl. II, 1), deux escaliers, à dr. et à g. de l'entrée de la chapelle, conduisent au 1ᵉʳ étage (on accède aussi au 1ᵉʳ étage par l'escalier de marbre et celui des Princes).

VESTIBULE (Pl. 83), décoré de colonnes et de pilastres d'ordre corinthien (aux quatre angles du plafond, *Les Quatre parties du monde*, bas-reliefs en stuc; à dr. la Gloire, groupe par *Vassé*, à g. la Magnanimité, par *Bousseau*). — Sur ce vestibule s'ouvre la tribune de la chapelle (*V.* p. 18).

Laissant à dr. la 2ᵉ galerie de sculpture, et, à g., les plus beaux appartements du Château, on entre à dr.

2ᵉ **Galerie de l'histoire de France**, divisée en 10 salles rappelant des faits historiques relatifs aux années 1795 à 1835 (à négliger, si on a peu de temps; entrer, dans ce cas, tout de suite au Salon d'Hercule).

1ʳᵉ SALLE (Pl. 84) : de 1797 à 1800. — 1687. *Langlois*. Combat de Benouth. — 1682. *Colson*. Entrée de Bonaparte à Alexandrie. — 1684. *Hennequin*. Bataille des Pyramides.

2ᵉ SALLE (Pl. 85) : année 1803. — 1695. *Lebel*. Napoléon à l'hospice du Saint-Bernard. — 1710. *Bacler d'Albe*. Bivouac de l'armée française la veille de la bataille d'Austerlitz.

3ᵉ SALLE (Pl. 86) : année 1807. — 1715. *Regnault*. Le Sénat reçoit les drapeaux enlevés à l'Autriche. — 1721, 1723. *Ponce-Camus*. Napoléon au tombeau de Frédéric; Napoléon à Osterode.

4ᵉ SALLE (Pl. 87) : année 1809. — 1739. *Hersent*. Combat de Landshut.

5ᵉ SALLE (Pl. 88) : année 1809. — 1749. *Bellangé*. Bataille de Wagram. — 1746. *Meynier*. Napoléon à l'île de Lobau.

6ᵉ SALLE (Pl. 89) : année 1812. — 1763. *Langlois*. La Moskowa. — 1760, 1761. *Langlois*. Combats de Smolensk et de Polotsk.

7ᵉ SALLE (Pl. 90) : année 1814. — 1766. *Beaume*. Bataille de Lutzen. — 1771. *Langlois*. Bataille de Montmirail.

8ᵉ SALLE (Pl. 91) : Restauration. — 1778. *Gros*. Louis XVIII quitte les Tuileries. — 1787. *Delaroche*. Prise du Trocadéro.

9ᵉ SALLE (Pl. 92). — 1793. *Gros*. Revue à Reims. — 1792. *B. Gérard*. Sacre de Charles X. — 1791. *H. Vernet*. Revue de la garde nationale par Charles X.

10ᵉ SALLE (Pl. 93). — 1814. *Heim*. La Chambre présente au roi Louis-Philippe l'acte qui l'appelle au trône. — 1810. *Court*. Le duc d'Orléans signe la proclamation de la Lieutenance.

ESCALIER DE L'AILE DU NORD (Pl. 94). — 1834. *Houdon*. Buste de Louis XVI. — Cet escalier, qui conduit au rez-de-chaussée dans la 1ʳᵉ galerie de l'histoire de France, et, au 2ᵉ étage, à l'Attique du Nord, donnerait accès dans l'ancienne salle de spectacle, que l'on ne visite que par la rue des Réservoirs.

De l'escalier de l'aile du nord on entre à dr. dans la 2ᵉ galerie de sculpture.

2ᵉ **Galerie de sculpture**. — 1854. La *princesse Marie d'Orléans*. Jeanne d'Arc. — 1853. *Seurre*. Charles VII. — 1882. *Anguier*. La duchesse de Montmorency. — 1901. *Lemoyne*. Philippe d'Orléans. — 1875. *Coysevox*. Richelieu. — 1818 et 1915. *Pradier*. Le lieutenant général Damremont et le duc d'Orléans. — 1869. *G. Pilon*. Henri III. — 1847. *Foyatier*. Suger. — 1866, 1862. *G. Pilon*. Charles IX, Henri II.

Au milieu de la galerie où se trouve le groupe de *Bosio* : l'Histoire et les Arts consacrant la gloire de la France, on entre, à g. et à dr. de l'*escalier des Ambassadeurs* (statues dans des niches par *Foyatier*, *Pradier*, *Nanteuil*, etc.), dans les salles, au nombre de 7, qui servaient autrefois de logements à des seigneurs de la cour et où ont été réunis de remarquables tableaux relatifs aux campagnes d'Afrique, de Rome, de Crimée, du Mexique.

1re SALLE (Pl. 98). — Bustes en marbre de personnages du second Empire : Morny, Abattucci, etc. — 1994. *Dubufe*. Congrès de Paris. — 5004. *Gérome*. Réception des ambassadeurs de Siam. — *Horace Vernet*. Mac-Mahon à Magenta.

2e SALLE (Pl. 99). — *Yvon*. La retraite de Russie. — *Gustave Doré*. Bataille d'Inkermann.

3e SALLE (Pl. 104). — 2031. *H. Vernet*. Siège de Rome. — 5032. *Baucé*. Prise du fort Saint-Xavier devant Puebla. — 2028, 2027. *H. Vernet*. Bataille d'Isly; La Smahla d'Abd-el-Kader (toile longue de 21 m. 39). — 5030. *Teissier*. Le prince président rend la liberté à Abd-el-Kader.

CABINET (entre les salles 104 et 103). — Buste de Lamoricière, par *Iselin*.

4e SALLE (Pl. 103). — 2018, 2021, 2022, 2023, 2026, 2016. *H. Vernet*. Combat de l'Habrah; Épisode du siège de Constantine; Occupation du col de Mouzaïa; Attaque d'Anvers.

5e SALLE (Pl. 102). — Bustes de généraux du second Empire. — 1970, 1969 et 1971. *Yvon*. Episodes du siège de Sébastopol. — 5014. *Pils*. Bataille de l'Alma. — 5017. *Rigo*. Bataille de Solférino. — 5016, 5015. *Yvon*. Solférino ; Bataille de Magenta.

6e SALLE (Pl. 101). — 1953, 1050, 1951. *Couder*. Installation du conseil d'Etat; Le Serment du jeu de Paume; Fête de la Fédération. — 1955. *Vinchon*. Ouverture des Chambres en 1814.

7e SALLE (Pl. 100). — 1935. *Vinchon*. Enrôlements volontaires. — *Müller*. L'Appel des dernières victimes de la Terreur.

Au sortir de la 2e galerie de sculpture (*V.* ci-dessus), on traverse le vestibule.

PARTIE CENTRALE

Salon d'Hercule (Pl. 105). — Ce salon, qui sert d'entrée aux grands appartements, fut, jusqu'en 1710, la partie supérieure de l'ancienne chapelle alors établie dans l'espace correspondant en dessous, qui sert aujourd'hui de passage pour se rendre au jardin. Là furent célébrés les mariages du duc de Chartres, du duc du Maine, du duc de Bourgogne; là retentit la parole de Bossuet, celle de Massillon et celle de Bourdaloue. — Plafond : Apothéose d'Hercule, par *Le Moyne*. Cette composition, une des plus vastes connues, a 18 m. 50 de longueur sur 17 m. de largeur, et contient 142 figures. — 2032. *P. Mignard*. Portrait de XIV. — 2033. *Franque* (d'après *Lebrun*). Le Passage du Rhin.

Salon de l'Abondance (Pl. 106). — Plafond : l'Abondance, par *Houasse*. — Tableaux de batailles, par *Van der Meulen*. — On entre à g. dans trois salles prenant jour sur la cour royale.

Salles à gauche du salon de l'Abondance (Pl. 137, 138). — Ces deux salles renferment des gouaches, fort remarquables par leur minutie et leur exactitude, par *Van Blarenberghe*, représentant les campagnes du règne de Louis XV et des dessins d'anciens costumes militaires français.

Salle dite des Etats-Généraux (Pl. 130). — *Aimé Morot*. La bataille de Reichshofen. — *A. de Neuville*. Episode de la bataille de Champigny. — Peintures de l'époque Louis-Philippe, rappelant les anciennes assemblées françaises. — *Couder*. Les Etats-Généraux de 1789. — Statue de Bailly, par *Saint-Marceaux*.

On revient dans le salon de l'Abondance.

Salon de Vénus (Pl. 107). — Dans cette salle étaient placées les tables destinées à la collation, les jours d'appartement (*V.* ci-dessous). — Plafond : le Triomphe de Vénus, par *Houasse.* — Dans une niche : Louis XIV en empereur romain, par *Varin.*

Salon de Diane (Pl. 108). — Il servait de salle de billard sous Louis XIV. — Plafond : Diane, par *Blanchard.* — 2040. Buste en marbre de Louis XIV, par *le Bernin.* Le jet hardi des cheveux et l'aspect flamboyant des draperies attestent la fougue du maître italien, qui avait 68 ans quand il fut appelé en France. — 2041. *Rigaud.* Portrait de Louis XIV.

Salon de Mars (Pl. 109). — Cette pièce servit, sous Louis XIV, de salle de jeu, de bal et de concert. — Plafond : au milieu, Mars, sur un char tiré par des loups, par *Audran.* Le compartiment du côté du salon de Diane est de *Jouvenet,* celui du côté du salon de Mercure est l'œuvre de *Houasse.* — Dessus de porte : la Justice, la Modération, la Force et la Prudence, par *Simon Vouet.* — Portraits du temps. — 2058. *Yvart* (d'après Lebrun). Sacre de Louis XIV. — 2059. *Mathieu* (d'après le même). Entrevue de Louis XIV et de Philippe IV. — Tableaux de batailles, de l'école de Van der Meulen.

Salon de Mercure (Pl. 110). — C'était une chambre de parade appelée *chambre du lit,* et pour laquelle Delobel avait composé un ameublement merveilleux. Après la mort de Louis XIV son cercueil fut exposé pendant huit jours dans cette chambre, qui d'ordinaire servait aux jeux du roi les jours d'appartement. « Ce qu'on appelait *appartement,* dit Saint-Simon, était le concours de toute la cour, depuis 7 h. du soir jusqu'à 10, que le roi se mettait à table, dans le grand appartement, depuis un des salons du bout de la grande galerie jusque vers la tribune de la chapelle. » — Plafond : Mercure sur un char tiré par deux coqs, par *J.-B. Champagne.* — Tableaux d'après Lebrun et Van der Meulen. — Portraits de Louis XIII, d'Anne d'Autriche, de Gaston d'Orléans, de Marguerite-Louise d'Orléans, grande-duchesse de Toscane, etc.

Salon d'Apollon (Pl. 111). — C'était autrefois la *salle du Trône.* Les trois pitons qui retenaient le dais sont encore en place. C'est là que Louis XIV reçut la soumission du doge de Gênes, ce doge qui répondit aux courtisans qui lui demandaient ce qu'il trouvait de plus extraordinaire à Versailles : « C'est de m'y voir ». C'est là aussi que Louis XIV reçut les ambassadeurs de Siam, les envoyés du dey d'Alger; que Louis XV reçut les envoyés de Mahomet V; et Louis XVI, ceux de Tippoo-Saëb, le dernier nabab du Mysore. — Plafond : Apollon accompagné des Saisons, par *Lafosse.* — Portrait (remarquable à cause de sa singulière coiffure) de Marie-Louise d'Orléans, fille aînée de Monsieur, mariée à Charles II, roi d'Espagne. — Portraits d'Henriette d'Angleterre; de Mlle de Montpensier, etc.

Salon de la Guerre (Pl. 112). — Ce salon occupe, avec la grande galerie et le salon de la Paix, toute la façade ajoutée du côté des jardins au palais de Louis XIII. — Plafond : la France armée de la foudre et tenant un bouclier sur lequel est l'image de Louis XIV, par *Lebrun.* Les voussures, du même peintre, représentent Bellone; l'Allemagne, la Hollande, l'Espagne, épouvantées des victoires de Louis XIV. Ces tableaux et ceux qui se trouvent dans la galerie des Glaces, *n'ont pas eu peu de part,* dit Saint-Simon, *à irriter et à liguer toute l'Europe contre le roi.* — Au-dessus de la cheminée, Louis XIV à cheval (n° 2090), bas-relief en stuc, par *Coysevox.* — Six bustes d'empereurs romains (têtes en porphyre et draperies en marbres de différentes couleurs).

Grande galerie des Glaces (Pl. 113). — Louis XIV la fit élever à la place d'une terrasse pavée de marbre, qui formait un renfoncement entre deux pavillons. Elle a 73 m. env. de longueur sur 10 m. 40 de largeur et 13 m. de hauteur; elle est éclairée par 17 fenêtres en arcades cintrées sur les jardins, auxquelles répondent en face 17 arcades feintes remplies de glaces dans toute leur hauteur. Les fenêtres et les arcades sont séparées de chaque côté par 24 pilastres à bases et à chapiteaux dorés. Dans les trumeaux pendent des trophées de bronze doré. La voûte, en plein cintre, est symétriquement divisée en 7 grands compartiments et 18 petits, entourés de figures allégoriques, soutenant des trophées ou des guirlandes, avec cette surabondance excessive autorisée par l'emploi que les grands maîtres italiens en ont fait dans ce genre d'ouvrages. Cette galerie fut composée par *Lebrun*, qui peignit, vers 1679, les grands tableaux sur toile maroufiée. Les 23 figures d'enfants posées sur la corniche, ainsi qu'une partie des trophées, sont dus à *Coysevox*. Outre les 7 grands compartiments du plafond, il y en a deux autres aux extrémités de la galerie. Tout ce fastueux travail est exclusivement consacré à la gloire de Louis XIV. Dans les cartouches au-dessous des tableaux sont des inscriptions, généralement attribuées à Boileau et à Racine. — Dans certaines circonstances, comme pour la réception de l'ambassadeur du roi de Perse, Louis XIV faisait transporter le trône dans la grande galerie. Cette galerie fut témoin de bien des fêtes. Une des plus brillantes, sous Louis XIV, eut lieu à l'occasion du mariage du duc de Bourgogne. C'est là que le roi de Prusse fut couronné empereur d'Allemagne, le 18 janvier 1871, et que le centenaire de la réunion des Etats-Généraux fut solennellement commémoré, le 5 mai 1889, par le président Carnot, entouré de tous les grands corps de l'Etat.

1ᵉʳ tableau, au-dessus de l'entrée du salon de la Guerre : Alliance de l'Allemagne et de l'Espagne avec la Hollande (1672).

2ᵉ tableau, au-dessus de l'entrée du salon de la Paix : la Hollande accepte la paix et se détache de l'Allemagne et de l'Espagne (1678).

Plafond. — Voici l'indication des grands tableaux, en commençant du côté du salon de la Guerre : — 1ᵉʳ tableau (occupant toute la voûte) : Passage du Rhin (1672). — A l'autre extrémité est figurée la prise de Maestricht en 1673. — 2ᵉ (à dr.) : Le roi arme sur terre et sur mer (1672). 3ᵉ (à g.) : Le roi donne ses ordres pour attaquer en même temps quatre des plus fortes places de la Hollande. Ce tableau, moins allégorique que les autres, représente le roi tenant un conseil de guerre avec le duc d'Orléans, Condé et Turenne. — 4ᵉ (occupant toute la voûte) : Le roi gouverne par lui-même (1661). — A l'autre extrémité sont figurées l'Allemagne, l'Espagne et la Hollande, avec cette inscription : « L'ancien orgueil des puissances voisines de la France ». — 5ᵉ (à dr.) : Résolution prise de châtier les Hollandais (1671). — 6ᵉ (à g.) : La Franche-Comté conquise pour la seconde fois (1674). — 7ᵉ (occupant toute la voûte) : Prise de la ville et de la citadelle de Gand en six jours (1678). — A l'autre extrémité, l'artiste a cherché à figurer les mesures des Espagnols rompues par la prise de Gand.

Les 18 médaillons que contient le plafond, outre ces grandes compositions, consacrent le souvenir de quelques autres événements du règne.

Quatre statues en marbre ont remplacé dans les niches les statues antiques ; côté des jardins : Mercure et Pâris, par *Jacquot* (1827) ; en face : Vénus devant Pâris, par *Dupaty* ; et Minerve, par *Cartellier* (1822).

Au milieu de cette galerie, de larges portes donnent accès dans les appartements du roi. On entre d'ordinaire par la première à g., si l'on veut voir d'abord le cabinet du conseil et la chambre de Louis XIV. On revient dans ce cas à la galerie des Glaces par l'Œil-de-Bœuf.

Si on suit la galerie jusqu'au bout, on trouve le

Salon de la Paix (Pl. 114). — Plafond : la France sur un char tiré par quatre tourterelles et entourée de figures allégoriques. Les voussures représentent l'Espagne, l'Europe chrétienne en paix, l'Allemagne et la Hollande. — Bustes d'empereurs romains.

Chambre de la Reine (Pl. 115). — Trois reines, Marie-Thérèse, Marie Leczinska, Marie-Antoinette, ont couché dans cette chambre. La duchesse de Bourgogne y mourut. Marie-Antoinette y mit au monde tous ses enfants. Un flot de curieux, selon l'étiquette autorisée, se précipitaient alors dans la chambre de la Reine.

Un souvenir plus émouvant reporte ici l'esprit à cette nuit du 6 octobre 1789, quand, vers 6 h. du matin, au cri poussé par un garde du corps : « Sauvez la reine ; ses jours sont en danger ! » deux femmes de chambre, qui veillaient dans un salon voisin, accoururent auprès de Marie-Antoinette. S'élançant hors de son lit, elle courut, à peine vêtue, par un couloir communiquant avec l'Œil-de-Bœuf, se réfugier auprès du roi, qu'elle trouva dans la chambre où il couchait (*a*, plan III). La porte du passage par lequel se sauva la reine existe encore à *g*., au fond de la pièce ; elle est surmontée du portrait de Marie-Antoinette, par *Mme Lebrun*. — On voit encore les pitons qui soutenaient le dais du lit de la reine.

Aux voussures, quatre peintures en grisaille : la Fidélité, l'Abondance, la Charité, la Prudence, par *Boucher*. — Au-dessus des portes, côté du salon de la Paix : la Jeunesse et la Vertu présentent deux princesses à la France, par *Natoire* ; en face : la Gloire s'empare des enfants de France, peinture d'une agréable couleur, par *Detroy* (1734). — 2092. *Testelin* (d'après Lebrun). Le Mariage de Louis XIV. Le roi et Marie-Thérèse semblent s'épouser de la main gauche. Cette singularité s'explique parce que cette toile était destinée à être reproduite à l'envers sur une tapisserie des Gobelins. — 2095. *Antoine Dieu*. Mariage du duc de Bourgogne. — 2096. *Nattier*. Marie Leczinska.

Salon de la Reine (Pl. 116). — Le *cercle de la reine* se tenait dans cette pièce. Son siège était placé sur une estrade, sous un dais, dont on voit encore les pitons d'attache. — Plafond : Mercure protégeant les sciences et les arts, et, dans les voussures, Sapho, Pénélope, Aspasie, par *Michel Corneille*. — Tableaux, par *Dulin*, *de Sève* et *Christophe*. — Portraits du duc de Bourgogne et du duc de Berry

Salon du grand couvert de la Reine (Pl. 117), ou *antichambre de la Reine*. — Cette salle servait au *grand couvert* de la reine, auquel le public était admis. Marie Leczinska dînait ainsi tous les jours. — Plafond : la Famille de Darius aux pieds d'Alexandre, répétition du tableau de *Lebrun*, qui se voit au Louvre. Dans les voussures sont représentées des héroïnes de l'antiquité et des divinités mythologiques. — Portraits de Louis XIV, par *Lebrun*, de Mme de Soubise et du comte de Vermandois (à dr. de la 1ʳᵉ fenêtre) ; de Mme de Maintenon, du comte de Toulouse (à g. de la 2ᵉ fenêtre). — 2108. *Gérard*. Le duc d'Anjou déclaré roi d'Espagne (Salon de 1824). — 2107. *Hallé*. Réparation faite par le doge de Gênes.

Salon des Gardes de la Reine (Pl. 118). — C'est la porte entre la salle précédente et celle-ci qu'entr'ouvrirent les femmes de chambre de Marie-Antoinette, le 6 octobre 1789 au matin, et qu'elles se hâtèrent de fermer au verrou, quand elles eurent entendu le cri de détresse du garde du corps qui la défendait. C'est ici qu'il fut laissé pour mort. La foule, armée de piques, s'était introduite dans le château par l'escalier de Marbre, dont le palier vient aboutir derrière la salle des gardes de la reine. — Plafond : Jupiter entouré de figures allégoriques, et, dans les voussures, Ptolémée rendant la liberté aux Juifs, Alexandre Sévère faisant distribuer du blé, Trajan et Solon, par *N. Coypel*. — 2117. *Santerre*, Joli portrait de la duchesse de Bourgogne. A l'aide de ce portrait et du buste de Coysevox, placé dans la chambre de Louis XIV, on peut retrouver complète la physionomie de cette princesse, qui fut les délices de la cour de Louis XIV.

Grande salle des Gardes (Pl. 140). Louis XIV et Louis XV y tinrent des lits de justice. — Plafond : Allégorie du 18 brumaire, par *Callet*. — Dessus de portes : le Courage, le Génie, la Générosité, la Constance, ouvrages médiocres de *Gérard.* — 2278. *David.* Distribution des aigles, composition célèbre. — 2276. *Gros.* Bataille d'Aboukir. Cette fougueuse peinture, reléguée dans un grenier à Naples, put être rachetée, en 1824, par l'artiste, grâce à l'entremise de la duchesse d'Orléans (depuis la reine Amélie); elle fut acquise, dit la notice, en 1833, par la liste civile, moyennant 25,000 fr. — 5046. *Vela.* Statue assise de Napoléon mourant, achetée à l'Exposition universelle de 1867. — *Roll.* Célébration du centenaire des Etats-Généraux par le président Carnot, le 5 mai 1889. La scène est au bassin de Neptune, dont les jeux d'eau restaurés jouent pour la première fois. Le président est entouré de ministres et de personnages officiels; dans la foule qui lui fait une ovation, le peintre a représenté beaucoup de visages connus.

De la grande salle des Gardes on traverse le palier de l'escalier de Marbre. Cet escalier, qui portait autrefois le nom d'escalier de la Reine, doit son nom aux placages de marbres de diverses couleurs disposés avec symétrie dont sont revêtus les murs, aux blocs de marbre formant les balustrades et aux dalles en marbre qui pavent les vestibules et les paliers. — Traversant un petit vestibule (Pl. 119), on entre dans les appartements du roi après avoir laissé à dr. l'ancien appartement de Mme de Maintenon (Pl. 141-143), qui, aujourd'hui défiguré, n'est plus guère intéressant à visiter.

Salle des Gardes du Roi (Pl. 120). — On y voit un tableau (2130) représentant le carrousel donné par Louis XIV devant les Tuileries, le 5 juin 1662; du côté opposé, où est une cheminée monumentale en marbre, sont disposés divers tableaux de batailles exécutés par *Martin* ou d'après *Van der Meulen.*

Antichambre du Roi (Pl. 121). — Cette pièce servait de salle à manger du roi pour le repas public ou *grand couvert*; les fils et petits-fils de France avaient seuls le droit d'y prendre place. — Les panneaux de cette salle sont ornés de 12 tableaux de *Parrocel*, avec lesquels on remarque (panneau du milieu, côté de la salle des Gardes) une Bataille d'Arbelles, par *Pierre de Cortone.* — 2149. *Ecole française du XVIII° s.* Institution de l'ordre militaire de Saint-Louis, 10 mai 1693. Ce tableau, qui offre un intérêt particulier parce qu'il représente Louis XIV dans sa chambre à coucher, n'a pas servi, en 1838, de guide pour la restauration de cette chambre. — Au-dessus de la cheminée, une Bataille, de *Parrocel.* — Tableaux de *Van der Meulen.*

Salle de l'Œil-de-Bœuf (Pl. 123). — Cette salle est ainsi appelée de la fenêtre ovale, ou *œil-de-bœuf*, pratiquée au-dessus de la fenêtre du fond. C'était l'antichambre du roi; c'était là que les courtisans venaient attendre le lever du maître.

Un tableau (par *Nocret*), que l'on y voit encore, reste comme l'une des plus curieuses preuves de cette espèce d'idolâtrie dont on entourait Louis XIV et à laquelle il se prêtait complaisamment. Il y est représenté, ainsi que sa famille, avec les emblèmes des divinités de l'Olympe. Voici les personnages de ce travestissement mythologique : Louis XIV, en *Apollon*; un peu au-dessous : Marie-Thérèse, en *mère des Amours*; debout derrière le roi : Mlle de Montpensier, en *Diane*; Monsieur, en *étoile du matin* qui va saluer le soleil; à sa gauche : Henriette d'Angleterre, en *Flore*; près de celle-ci : Anne d'Autriche, en *Cybèle*; dans le fond du tableau : les filles du duc d'Orléans, Mme de Guise, Mme de Toscane et Mme de Savoie, sous les figures des trois *Grâces*; Mademoiselle, reine d'Espagne, en *Zéphire*; la reine d'Angleterre, mère de Madame, assise près de Monsieur, tient un trident. Cet étrange tableau rend presque concevable l'assertion paradoxale de Saint-Simon : « Si le roi n'avait peur du diable, il se serait fait adorer. »

Chambre à coucher de Louis XIV.

Un couloir ouvrant sur la salle de l'Œil-de-Bœuf, à g., communique avec les *Cabinets de la reine* (Pl. 122. — V. p. 32).

Chambre à coucher de Louis XIV (Pl. 124). — Cette pièce devint la chambre à coucher du Roi en 1701. C'est là que se renouvelaient les cérémonies du lever et du coucher, fastidieuses pour tout autre que lui. « A 8 h., le premier valet de chambre en quartier, qui avait couché seul dans la chambre du roi et qui s'était habillé, l'éveillait. » (Saint-Simon). Quand le roi quittait Versailles seulement pour quelques jours, un valet de chambre y restait et couchait au pied du lit pour le garder.

Louis XIV dînait souvent dans sa chambre. « Le dîner était presque toujours au *petit couvert*, c'est-à-dire seul dans sa chambre, sur une table carrée vis-à-vis de la fenêtre du milieu. Il était plus ou moins abondant, car il ordonnait le matin : petit couvert ou très petit couvert. Mais ce dernier était toujours de beaucoup de plats et de trois services sans le fruit (Louis XIV était gros mangeur). » (Saint-Simon).

Le lit et la tenture de cette chambre étaient l'œuvre de Simon Delobel, tapissier, valet de chambre du roi. Delobel employa douze ans pour confectionner ce travail, qui prit rang parmi les merveilles du temps et qui était consacré au Triomphe de Vénus. On voit encore sur le dossier l'Amour endormi sur des fleurs, au milieu des nymphes. Plus tard, quand s'éveillèrent les scrupules religieux, « la courte-pointe Delobel fut échangée contre un couvre-pied brodé par les demoiselles de Saint-Cyr. On y voyait le Sacrifice d'Abraham (il forme aujourd'hui le ciel du lit) et le Sacrifice d'Iphigénie ; singulier rapprochement, qui révèle la double inspiration de Mme de Maintenon et de Racine ! » Le lit a été retrouvé dans les dépôts de la couronne : le couvre-pied, vendu pendant la Révolution, après avoir traîné quelque temps, en deux morceaux, en Allemagne et en Italie, et avoir été vainement offert à Louis XVIII et à Charles X, fut racheté par Louis-Philippe. La balustrade a été également retrouvée au Garde-Meuble ; on n'a eu qu'à la faire redorer. — De chaque côté du lit on voit deux tableaux de la Sainte-Famille, des écoles italienne et flamande, à la place de St Jean, par Raphaël, et de David, par le Dominiquin, qui y étaient placés du temps de Louis XIV. Le tableau du Dominiquin (aujourd'hui dans les grands appartements) le suivait dans ses voyages à Marly, à Saint-Germain et à Fontainebleau. — A g. du lit on voit encore un portrait en cire de Louis XIV, à l'âge de 66 ans, par *Antoine Benoist*. — Le portrait de la reine Anne d'Autriche, par *Mignard*, était déjà dans cette pièce sous Louis XIV. On le voit au-dessus d'une porte, en face de celui (nº 2169) de la duchesse de Bourgogne. Les autres portraits, placés à l'époque de la restauration du Château, représentent des membres de la famille royale. — Sur la fausse cheminée est un buste en marbre, par *Coysevox*, de la duchesse de Bourgogne.

Le milieu du plafond n'avait été décoré d'aucune peinture. Au-dessus de la corniche sont les quatre Évangélistes, par *Valentin*.

C'est dans cette chambre, sinon dans ce lit, que mourut Louis XIV, après un règne de 72 ans. Lorsque Louis XV revint à Versailles, en 1732, il occupa aussi cette chambre, et la conserva jusqu'en 1738. Le cérémonial suivi à la mort du roi était le suivant : le premier gentilhomme se présentait à la croisée qui donne sur la cour de Marbre, en criant trois fois : *Le roi est mort !* Puis, brisant sa canne et en prenant une autre, il reprenait : *Vive le roi !* — En même temps, on plaçait l'aiguille de l'horloge du palais sur l'heure à laquelle le monarque avait rendu le dernier soupir. Elle y restait immobile jusqu'à la mort de son successeur. Cet usage fut observé par Louis XV ; mais, après lui, Louis XVIII, seul, est mort sur le trône : c'est à sa mort que cette cérémonie fut accomplie pour la dernière fois, en 1825.

Cabinet du Roi ou Cabinet du Conseil (Pl. 125). — Cette salle, sous

Louis XIV, était divisée en deux pièces, qui furent réunies sous Louis XV. La plus éloignée de la chambre du roi était le *cabinet des perruques* (Louis XIV changeait de perruque plusieurs fois par jour : avant la messe, après le dîner, au retour de la chasse ou de la promenade, avant le souper, etc.). Dans ce singulier voisinage, l'autre pièce était le cabinet du roi ou *cabinet du conseil*, ainsi nommé parce que Louis XIV y travaillait avec ses ministres. « La salle actuelle, dit M. de Nolhac, a été faite en 1755. C'est le plus beau salon Louis XV du Château; et les boiseries sont dues au sculpteur Rousseau. » C'est dans cette salle où s'étaient décidées, sous Louis XV et sous Louis XIV, tant et de si grandes affaires que plus tard, en plein conseil, une courtisane, Mme Dubarry, venait s'asseoir familièrement sur le bras du fauteuil de Louis XV, et qu'elle jetait un jour au feu un paquet de lettres encore cachetées qu'elle avait prises entre les mains du roi. Ce fut là, le 23 juin 1789, dans l'embrasure de la première croisée, que M. de Brézé vint, tout éperdu, annoncer à Louis XVI la résistance des députés sommés de se séparer, et la foudroyante réponse de Mirabeau : « Nous sommes ici par la volonté du peuple, et nous n'en sortirons que par la force des baïonnettes ! »

On y voit une pendule curieuse, faite en 1706 par Morand. Les dessus de porte, par *Houasse*, représentent : Minerve naissant armée du cerveau de Jupiter ; Minerve dans l'Olympe ; Minerve sur le Parnasse ; la dispute de Minerve et de Neptune.

Cabinets et petits appartements.

Ces petits appartements, situés au premier étage dans la partie centrale, forment deux divisions : l'une à dr. (côté du N.) de la cour de Marbre et de la cour Royale, composée des appartements particuliers du roi ; l'autre à g. (côté du S.) de la cour, composée de l'appartement particulier de Marie-Antoinette.

CÔTÉ DU NORD. — **Cabinets du roi** (on est accompagné). — **Chambre à coucher de Louis XV** (pl. 126). — Ce fut d'abord une salle de billard sous Louis XIV. Ce prince excellait à ce jeu. Ce fut là que, ayant apprécié la force de Chamillard au jeu de billard, il s'accoutuma peu à peu à lui ; il finit, malheureusement pour la France, par récompenser ce rare talent en nommant ministre celui qui le possédait. Plus tard, cette pièce fut agrandie par la réunion de deux petites pièces attenant à la cour des Cerfs (*V.* ci-dessous). Elle est située entre cette cour et la cour de Marbre. Louis XV en fit sa chambre à coucher et y mourut. Immédiatement après sa mort, « le château resta désert. Tout le monde, dit Mme Campan, s'empressa de fuir la contagion, qu'aucun intérêt ne donnait le courage de braver. En sortant de la chambre de Louis XV, le duc de Villeguier enjoignit à M. Andouillé, premier chirurgien du roi, d'ouvrir le corps et de l'embaumer. Le premier chirurgien était exposé à en mourir. « Je suis prêt, répondit Andouillé ; mais, pendant que j'opérerai, vous tiendrez la tête ; votre charge vous l'ordonne. » Le duc s'en alla sans mot dire, et le corps ne fut ni ouvert ni embaumé : quelques serviteurs subalternes et de pauvres ouvriers demeurèrent près de ces restes pestiférés. » Le cercueil fut placé dans un carrosse de chasse, et les gens de l'escorte qui le conduisait à Saint-Denis firent courir le mort du même train qu'il les avait menés si souvent dans sa vie. — Les portraits en dessus-de-porte sont ceux des filles de Louis XV.

CABINET DES PENDULES (Pl. 127). — En 1749, une pendule indiquant les jours, les mois, les années, les phases de la lune, etc., y fut placée. Le bronze est signé de *Caffieri*. On voit sur le parquet une méridienne qui passe pour avoir été tracée par Louis XVI, et, sur des dessus de table en stuc, les plans figurés des forêts de résidences royales.

CABINET DES CHIENS (Pl. 128).

SALLE A MANGER (Pl. 129). Cette pièce a eu d'abord plusieurs autres destinations. Elle est située entre la cour des Cerfs et une autre petite cour intérieure.

Au-dessus des cabinets de Louis XV et de l'ensemble de pièces qu'on vient de visiter se trouvaient ses petits appartements proprement dits dont une partie fut habitée par Mme du Barry. C'est dans cette partie supérieure du palais que Louis XVI s'occupait de travaux de serrurerie sous la direction d'un ouvrier nommé Gamain, qui construisit, au commencement de 1792, la fameuse armoire de fer. Quelques jours avant le procès de Louis XVI, Gamain fit au ministre Roland la révélation de cette cachette secrète, révélation que lui seul pouvait faire. Plus d'un an après la mort de Louis XVI, Gamain adressa à la Convention nationale une pétition dans laquelle, à la suite d'une odieuse accusation de tentatives d'empoisonnement sur sa personne par Louis XVI, il demandait une pension. Une pension viagère de 2,000 livres lui fut effectivement accordée *à compter du jour de l'empoisonnement!*

On revient à la salle de l'Œil-de-Bœuf pour visiter les appartements de la Reine, qui s'ouvrent au fond à dr.

CÔTÉ DU SUD. — Cabinets de la Reine, dits **Petits appartements de Marie-Antoinette** (Pl. 122). — Ces petites pièces intimes, prenant leur jour par une petite cour intérieure et desservies par un petit escalier, étaient sous Louis XIV, les dépendances du service intime de Marie-Thérèse. Quand la duchesse de Bourgogne prit possession des appartements de la reine, des additions et des changements furent faits à cette partie du château. Sous Louis XV, Marie Leczinska y ajouta des bains et un cabinet d'étude où elle se livrait à l'innocente distraction de la peinture. Marie-Antoinette donna à ces élégantes pièces leur forme définitive. C'est là qu'elle recevait familièrement cette société de prédilection qui soulevait tant de jalousies : la comtesse Jules de Polignac et sa belle-sœur Diane, MM. de Guines, de Coigny, d'Adhémar, de Bezenval, de Polignac, de Vaudreuil, de Guiches, et le prince de Ligne.

COULOIR DE COMMUNICATION. — C'est par ce couloir de service, établissant une communication avec l'Œil-de-Bœuf, que Marie-Antoinette se sauva le matin du 6 octobre 1789. Il communique avec la chambre de la reine (*V.* p. 27).

MÉRIDIENNE. — Les boiseries dont cette pièce est ornée sont de l'époque de Marie-Antoinette.

PREMIÈRE BIBLIOTHÈQUE. — Ce cabinet servait d'atelier de peinture à Marie Leczinska. Les verrous et les boutons de porte sont au chiffre de Marie-Antoinette.

DEUXIÈME BIBLIOTHÈQUE. — Cette pièce était le cabinet de bains de Marie Leczinska.

GRAND CABINET OU SALON DE LA REINE. Sur la cheminée, un beau buste de Marie-Antoinette jeune, par *Pajou*. « La décoration, écrit M. de Nolhac (*La Reine Marie-Antoinette*, 12e éd.), est blanc et or. Les panneaux présentent des sphinx ailés adossés à des trépieds fumant et enguirlandés de roses, comme pour un sacrifice à l'Amour : dans le bas, des amours aux yeux bandés. En face des fenêtres est une niche de glaces dont le cintre est drapé de soie. Des meubles charmants, grêles et fins, ornaient cette retraite, où Marie Antoinette passait la plus grande partie de son temps. Ses audiences particulières avaient lieu ici... Gluck et les musiciens qu'elle protégeait on fait entendre leur musique dans ce petit salon, assez grand pour l'intimité d'une reine. »

SALLE DE BAIN.

On sort des cabinets de Marie-Antoinette par la salle des Gardes de la Reine (Pl. 118), d'où on peut visiter la partie méridionale du château. On gagne, par la grande salle des gardes (Pl. 140), la

SALLE DE 1792-93 (Pl. 144). — *Lami*. Deux toiles militaires de premier ordre : Bataille de Wattignies ; Bataille d'Hondschoote. — *Philippoteaux*. Capitulation de la citadelle d'Anvers.

SALLE DE 1792 (Pl. 145), salle des Cent-Suisses sous Louis XVI. — 2333. *Léon Cogniet*. La garde nationale de Paris part pour l'armée. — 2333. *Mauzaisse* (d'après H. Vernet). Bataille de Valmy. — 2336. *H. Scheffer* (d'après H. Vernet). Bataille de Jemmapes. — Nombreux portraits de guerriers illustres. — Au centre, colonne de Sèvres surmontée d'une statue de la Victoire.

SALLES DES AQUARELLES (à dr. de la précédente). — Ces salles, au nombre de 8, formaient l'appartement du duc de Bourgogne, puis du cardinal Fleury et de la duchesse de Polignac. Elles contiennent 256 aquarelles, sépias ou fusains représentant des costumes militaires, des sièges, des batailles, par *Bagetti, Dutertre, J.-B. Isabey, Gérard, Hennequin, S. Fort*, etc. On obtient, à la Conservation du Musée, la permission de les visiter.

VESTIBULE DE L'ESCALIER DES PRINCES (Pl. 147) ; on y vend des notices et des photographies.

AILE DU MIDI (1er étage).

Galerie des Batailles (Pl. 148). — Cette splendide galerie, d'une étendu, presque double de celle de la grande galerie des Glaces, a 120 m. de longueur et 13 m. de largeur ; elle a été ouverte, en 1836, à la place d'une série d'appartements habités sous Louis XIV par Monsieur, frère du roi, le duc et la duchesse de Chartres. Elle est recouverte en fer, éclairée par le haut et décorée avec la plus grande richesse. Le plafond, à voussures, est soutenu aux extrémités et au milieu par des groupes de colonnes. Elle contient plus de 80 bustes des princes du sang, des amiraux, connétables, maréchaux de France et autres guerriers célèbres, tués en combattant pour la France. Dans l'embrasure des fenêtres, des plaques de bronze portent, en lettres d'or, les noms de tous les personnages militaires qui ont également donné leur vie pour la patrie et l'indication du combat où ils ont péri. Cette longue liste (elle ne comprend pas les officiers d'un grade inférieur à celui de général de brigade) commence à Robert le Fort, comte d'Outre-Maine, mort en 866, et se continue jusqu'à nos jours (guerre de 1870-71). De grandes toiles sont consacrées à reproduire les souvenirs des principaux faits militaires de notre histoire. Parmi ces tableaux, nous citerons particulièrement, en faisant le tour par la g. : — 2670, 2672. *Ary Scheffer*. Bataille de Tolbiac ; Charlemagne à Paderborn. — 2674. *Horace Vernet*. Bataille de Bouvines. — 2676. *Eug. Delacroix*. Bataille de Taillebourg. — 2678. *Larivière*. Bataille de Mons-en-Puelle. — 2715. *Gérard*. Entrée d'Henri IV à Paris, un chef-d'œuvre dont la couleur a malheureusement un peu verdi. — 2721. *Heim*. Bataille de Rocroi. — 2737. *Devéria*. Bataille de la Marsaille. — 2740 et 2741. *Alaux*. Batailles de Villaviciosa et de Denain. — 2743. *Horace Vernet*. Bataille de Fontenoy. — 2744, 2747. *Aug. Couder*. Bataille de Lawfeld ; Prise d'York-Town. — 2748. *Mauzaisse*. Bataille de Fleurus. — 2756. *Philippoteaux*. Bataille de Rivoli. — 2765. *Gérard*. Bataille d'Austerlitz, même observation que pour le n° 2715. — 2768, 2772, 2776. *Horace Vernet*. Bataille d'Iéna ; Bataille de Friedland ; Bataille de Wagram. Ces tableaux complètent l'exposition si considérable et si remarquable d'Horace Vernet, à Versailles. Cet artiste, qui dut entreprendre de lointaines excursions pour aller étudier sur les lieux les scènes qu'il devait peindre, « figura pour 843,000 fr., dit M. de Montalivet,

dans les acquisitions ou les commandes ordonnées par Louis-Philippe ».
— *Georges Bertrand.* Patric (épisode de la guerre de 1870-1871).
Salle de 1830 (Pl. 149). — Plafond par *Picot.* — *Roll.* Halte-là ! — 2786.
Gérard. Lecture à l'Hôtel de Ville de la déclaration des députés. — 2789.
Court. Le roi donne des drapeaux à la garde nationale. — *Vibert.* Apothéose de M. Thiers. — *Gervex.* Distribution des récompenses à l'Exposition de 1889. — En sortant on tourne à g.
Galerie de sculpture. — Statues et bustes des rois de France ou de personnages célèbres, depuis Philippe VI jusqu'à Louis XVI. Moulages. Nous signalerons : 1866. *Rude.* Statue du maréchal de Saxe. — 2861. *Pradier.* Le duc de Vendôme. — 2842, 2853. *Coysevox.* Colbert ; Bossuet. — 2844. *Coysevox.* Le P. Letellier. — 2819. *Anguier.* Gaspard de la Châtre. — *Lemaire.* Louis XIV. — 2792. *Seurre.* Gaston de Foix, etc.

2e étage (Attiques).

Le deuxième étage comprend, divisées en trois parties, des salles intéressantes où sont surtout exposés des portraits historiques réunis à l'époque de Louis-Philippe.
Cette partie du Musée, qui avait été fort mal classée, subit en ce moment un remaniement général, qui a entraîné la fermeture de l'Attique du Midi.
En quittant la galerie des Batailles, on peut se rendre, par l'escalier moderne continuant le grand *escalier de Marbre* (Pl. 173), à l'Attique Chimay, divisée en 10 salles contenant de nombreux portraits et des tableaux historiques.
1re SALLE OU SALLE DE LA RÉVOLUTION FRANÇAISE (Pl. 174). — Cette salle renferme d'intéressants documents iconographiques authentiques sur l'époque de la Révolution. On y trouve d'importants portraits. — 174. *Moreau le Jeune.* Assemblée des notables à Versailles (1787). — *Bounieu.* Mirabeau (pastel). — *David.* Barère de Vieuzac. — Portrait de Robespierre (crayon). — *Hubert-Robert.* Fête de la Fédération au Champ de Mars (14 juillet 1790). — *Houdon.* Buste de Lafayette. — *Kocharsky.* Marie-Antoinette au Temple dans ses habits de veuve. — *Heinsius.* Mme Roland. — *J. Bertaux.* Prise des Tuileries, le 10 août 1792. — *Hauer.* Charlotte de Corday, tableau exécuté d'après nature au tribunal révolutionnaire par l'auteur, qui était alors officier de la garde nationale. C'est le seul portrait authentique de l'héroïne. — *David.* Marat mort, étude à la plume, très poussée.
2e SALLE (Pl. 176). — Cette salle renferme des portraits de la famille d'Orléans, par *Winterhalter.* — On remarque sur la cheminée, celui du duc d'Orléans, par *Ingres.*
3e SALLE (Pl. 177). — 5131. *Bonnat.* Thiers ; Montalivet. — *Landelle.* Alfred de Musset. — *Etex.* Son portrait. — 5121. *Dévéria.* Louis-Philippe prête serment. — 5124. *Isabey.* Transbordement des restes de Napoléon. — *Daumier.* Berlioz. — *Ary Scheffer.* Lebrun. — *Prud'hon.* Le naturaliste Bruun Neegara. — *Bellay.* Alexandre Dumas père. — 4938. *Heim.* Une lecture au foyer de la Comédie-Française.
4e SALLE (Pl. 178). — 5143. *Hébert.* Le prince Napoléon. — 4712. *Mme Lebrun.* Marie-Caroline Bonaparte, femme du roi Murat. — *Hippolyte Flandrin.* Napoléon III. — 1567. *L. David.* Portrait équestre de Bonaparte. — 5145. *Dubufe.* La princesse Mathilde. — 5144. *Hébert.* La princesse Marie-Clotilde.
5e SALLE (Pl. 179). — Marine, par *Isabey.*
6e SALLE (Pl. 180). — *Privat.* Lamartine. — 5164. *Tissier.* Abd-el-Kader. — 292. *David Maxime.* Abd-el-Kader (miniature).

7° et 8° SALLES (Pl. 181 et 182). — Esquisses du *baron Gérard*.

9° SALLE (Pl. 183). — *Riesener*. Elleviou; Désaugiers. — Suite des esquisses du *baron Gérard*. — 5160. *Granet*. Remise de la barrette au cardinal de Cheverus. — 5169. *E. Lami*. Revue de la garde nationale; attentat de Fieschi (28 juillet 1835). — 5161. *Granet*. Baptême du duc de Chartres.

10° SALLE (Pl. 184). — 5188. *Gassies*. Bivouac de la garde nationale. — 5122. *Court*. Mariage de Léopold Ier, roi des Belges. — 5185. *H. Vernet*. Le duc d'Orléans partant pour l'Hôtel de Ville.

Attique du Nord. — On s'y rend du 1er étage par l'escalier de la salle de spectacle (Pl. 94).

Cette attique, divisée en 11 salles, renferme une partie de la vaste collection de portraits réunie dans les galeries de Versailles. Ces portraits sont ceux des personnages célèbres depuis le xv° jusqu'au xviii° s. Un assez grand nombre sont des originaux, bien que la majeure partie ne soit pas signée. Dans les embrasures des fenêtres est exposée une collection de médailles, en bronze ou en plâtre, riche surtout pour le xvii° s.

Cette partie du musée subissant en ce moment (1900) des remaniements pour un classement méthodique, certaines salles sont quelquefois fermées au public.

1re SALLE (Pl. 153), à g. de l'escalier. — Portraits du xv° et du xvi° s. — Petits panneaux de l'école des Clouet, etc. — Ex-voto représentant Jeanne d'Arc à côté de la Madone (cette précieuse relique, contemporaine de l'héroïne, et qui la montre avec une auréole de sainte, ne permet malheusement pas de juger de ses traits). — En face, Henri IV enfant; Réception de Henri III par le doge de Venise.

2° SALLE (Pl. 154). — Portraits représentant des personnages du règne de Henri IV. — *Porbus*. Le roi et la reine. — *Anonymes*. La Procession de la Ligue. Henri IV à la bataille d'Arques.

3° SALLE (Pl. 155). — Portraits représentant surtout des personnages du xvi° s. et du commenc. du xvii°.

4° SALLE (Pl. 156). — Portraits du règne de Louis XIII : Marie de Médicis, Gaston d'Orléans, les échevins de Paris; Richelieu, par *Ph. de Champaigne*.

5° SALLE (Pl. 157). — Portraits du siècle de Louis XIV. — 3531. *Pierre Mignard*. Le marquis de Villacerf. — 3544. *Philippe de Champaigne*. Les architectes Mansart et Perrault, le cardinal de Richelieu. — 3264. *Pierre Mignard*. Anne-Marie de Bourbon.

6° SALLE (Pl. 158). — Suite du siècle de Louis XIV. — 3586. *Detroy*. Mansart. — 3578. *Rigaud*. Portrait de Mignard. — 3629. *P. Mignard*. Le duc d'Anjou.

7° SALLE (Pl. 159). — Suite du siècle de Louis XIV. — 3680. *H. Rigaud*. Portrait de l'auteur. — 3682. *Coypel*. Portrait de l'auteur. — 3637. *P. Mignard*. Mme de Maintenon.

8° SALLE (Pl. 160). — Portraits de la régence du duc d'Orléans. — 2701. *Santerre*. L.-P. d'Orléans, et autres toiles exécutées par *J.-B. Vanloo, Belle, Drouais*.

9° SALLE (Pl. 161). — Portraits des règnes de Louis XV et de Louis XVI. — 3890. *Callet*. Louis XVI. — 3892. *Mme Lebrun*. Marie-Antoinette. — 3912, 3907, 3893. *Mme Lebrun*. La duchesse d'Orléans; La duchesse d'Angoulême et le Dauphin; la reine Marie-Antoinette. « Je ne me connais pas en peinture, dit un jour Louis XVI à Mme Lebrun, mais vous me la faites aimer. » — 3767, 3763. *Hyacinthe Rigaud*. Ph Orry; Le cardinal Fleury. — 3751. *Carle Vanloo*. Louis XV. — 3750. *Hyacinthe Rigaud*. Louis XV, etc.

10ᵉ SALLE (Pl. 162). — Portraits du règne de Louis XVI, par *Mengs,* *Drouais, Heinsius,* Mᵐᵉ *Guiard,* etc.

Salle de spectacle (on y entre par la rue des Réservoirs). — Cette salle, qui a été transformée en 1871 pour le Sénat, qui l'a occupée jusqu'en 1879, n'a pas encore été rendue à sa destination primitive. Elle a été construite sous Louis XV par Gabriel. Les peintures du plafond, par *Briard* et *Durameau,* représentaient Apollon, Vénus et l'Amour préparant des couronnes au génie.

Louis XIV, malgré son goût pour les représentations dramatiques, n'avait pas élevé de théâtre dans son palais. *La princesse d'Elide,* de Molière, et l'*Iphigénie,* de Racine, par exemple, furent représentées sur des théâtres improvisés, dans les bosquets du parc (*V.* ci-dessous). Plus tard, ce fut dans les appartements, souvent même sans décors et sans costumes, que furent représentés les chefs-d'œuvre de notre scène. *Athalie,* dit Louis Racine, fut exécutée deux fois, devant Louis XIV et Mme de Maintenon, dans une chambre sans théâtre, par les demoiselles de Saint-Cyr, vêtues de leurs modestes uniformes.

L'architecte Gabriel commença, en 1753, la construction de cette salle, par ordre de Louis XV, pour complaire à Mᵐᵉ de Pompadour, qui aimait beaucoup le spectacle; mais la favorite était morte et remplacée par Mᵐᵉ du Barry quand la salle fut terminée en 1770. Elle fut inaugurée, le 16 mai de la même année, pour le mariage du Dauphin avec Marie-Antoinette. Cette salle devait, dix-neuf ans plus tard, être témoin d'une fête dont les conséquences furent désastreuses pour la monarchie elle-même et pour le château de Versailles. Le 2 octobre 1789, pendant que la Révolution grondait aux portes du Château et que l'Assemblée nationale siégeait à quelques pas de là, les gardes du corps se réunirent dans un banquet aux officiers du régiment de Flandre; le repas fut servi dans la salle de l'Opéra. L'exaltation des convives, accrue par la présence du roi et de la reine portant le Dauphin dans ses bras, qui parurent dans la salle vers la fin du repas, les poussa à porter des toasts imprudents, à se livrer à des démonstrations dangereuses qui, trois jours après, devaient jeter le peuple sur Versailles et en chasser pour toujours la famille royale. — Louis-Philippe fit réparer cette salle, et l'inauguration en eut lieu le 17 mai 1837. — Le 10 mars 1871, l'Assemblée nationale, qui siégeait à Bordeaux, ayant décidé qu'elle siégerait désormais à Versailles, le théâtre fut aménagé à cet effet, et, lorsque la salle des séances de l'Assemblée eut été édifiée dans la cour de la surintendance, le Sénat (8 mars 1876) tint ses séances dans cette salle.

Salle du Congrès. — L'entrée (porte précédée de trois marches) est à g. de l'entrée de l'escalier des Princes (attendre le gardien qui conduit les visiteurs). On traverse les vestiaires des membres de l'Assemblée. Dans un escalier on remarque le buste d'Arago, par *Oliva,* et après avoir longé un autre vestibule orné de bustes de personnages célèbres, on entre à g. dans la salle du Congrès. Cette salle a été construite, en 1875, par M. de Jolly, dans la cour de la Surintendance, pour recevoir la Chambre des députés, et, depuis que les pouvoirs publics sont rentrés à Paris, elle est affectée aux réunions du Congrès. La salle est disposée en forme d'hémicycle, avec colonnades abritant les tribunes du public. Au-dessus de la tribune a été placée, au centre, une tapisserie d'après Raphaël; sur les côtés, deux statues figurent la *Concorde* et la *Sécurité.*

Les jardins.

Les renvois au plan indiqués dans la description des jardins se rapportent au Plan I : *Versailles et les Trianons.*

Nous indiquerons toutes les statues qui sont distribuées dans le parc. Bien qu'un nombre considérable de ces statues soient dépourvues de tout mérite et que plusieurs autres aient été mutilées, elles offrent cependant un certain intérêt, comme spécimens du style artistique de l'époque, et elles sont le plus souvent des énigmes allégoriques dont il est bon de donner la clef aux étrangers.

Les jardins de Versailles, qui n'étaient presque rien sous Louis XIII, ont été tracés par Le Nôtre (1613-1708). Le Nôtre étudia avec Lebrun dans l'atelier de Vouet. Il aurait pu se distinguer comme peintre; il se contenta d'être architecte et dessinateur de jardins. Le genre solennel introduit par lui dans le paysage servit de modèle et se répandit dans toute l'Europe. Si nous avons peine aujourd'hui à goûter la singulière géométrie qui, rognant et taillant avec une régularité désespérante, faisant de l'architecture et de la sculpture avec la verdure des arbres, les transforme en murailles, en pyramides, etc., on ne peut méconnaître cependant la grandeur de conception qui présida au tracé de ces jardins.

Façade du palais. — Elle présente du côté des jardins un très long développement et une ligne de 125 fenêtres (23 à la façade centrale; 17 sur chacune des façades en retour, et 34 à chaque aile); ce qui donne 375 fenêtres pour le rez-de-chaussée et les deux étages.

Terrasse au pied du chtâeau. — Quatre belles statues en bronze, d'après l'antique, sont adossées au bâtiment du milieu : *Silène*, *Antinoüs*, *Apollon* et *Bacchus*. — Aux angles sont deux *vases* en marbre blanc : celui du nord, par Coysevox (bas-reliefs figurant la victoire des Impériaux sur les Turcs à l'aide des secours de Louis XIV, et la prééminence de la France reconnue par l'Espagne); celui du sud, par Tuby (bas-relief faisant allusion à la paix d'Aix-la-Chapelle et à celle de Nimègue).

Parterre d'eau (Pl. 1). — Il s'étend devant la façade centrale, et il est ainsi nommé parce qu'il présente, au lieu de tapis de gazon, deux bassins, contournés aux angles, dont la forme a été plusieurs fois changée. Ces bassins sont bordés d'une tablette de marbre blanc sur laquelle reposent de Łeaux groupes en bronze, fondus par les frères *Keller*, vers 1688 et 1690.

Bassin du Nord (qu'on longe quand on entre dans les jardins par la cour de la Chapelle). — Aux quatre angles, figures de fleuves : du côté du château, la *Garonne* (1688) et la *Dordogne*, par Coysevox; à l'autre bout, la *Seine* et la *Marne*, par Le Hongre (cette dernière est du côté S.).

Bassin du Midi. — Du côté du château : la *Loire*, tenant une corne d'abondance, et le *Loiret*, par Regnaudin; à l'autre extrémité : le *Rhône* appuyé sur une rame, et la *Saône*, par Tuby. Sur les longs côtés des deux bassins sont des groupes en bronze également par Legros, Van Clève, Magnier, Poultier, Raon, Lespingola, figurant des Nymphes ou des Naïades avec des Amours ou des Zéphirs, et des groupes d'enfants montés sur

des dauphins, ou jouant avec des oiseaux et tenant des couronnes de fleurs, des roseaux, des coquilles. Du milieu de chaque
bassin s'élance une gerbe d'env. 10 m., qu'entourent seize jets
inclinés formant la corbeille.

Devant les deux ailes du palais s'étendent deux parterres : le
parterre du Midi et le parterre du Nord.

Parterre du Midi (Pl. 2). — On y descend par un escalier de
marbre blanc, aux angles ornés de *sphinx* en marbre, montés
chacun par un enfant en bronze, de Lerambert; sur les perrons
sont des vases, en marbre, par Bertin, et en bronze, par Ballin.

Ce parterre est orné de deux petits bassins, d'où sort une
gerbe, et autour desquels sont des plates-bandes à dessins de
broderies formés avec du gazon et du buis.

Sur l'angle O. de la balustrade qui règne le long du parterre
et qui conduit à un escalier dont nous allons parler, est une
statue de l'*Ariane couchée*, dite Cléopâtre, par Van Clève (d'après
l'antique). Du haut des terrasses qui supportent le parterre du
Midi on aperçoit la pièce d'eau des Suisses, dominée par le bois
de Satory, et au-dessous de soi le parterre de l'Orangerie, à
dr. et à g. duquel sont deux magnifiques escaliers, ayant 103 degrés
chacun et 20 m. de largeur.

Sur la terrasse, à l'extrémité de l'aile du Midi, est une statue
en plomb de Napoléon Ier, par *Bosio*. Elle était destinée à être
placée dans le char de l'arc de triomphe de la place du Carrousel. — Dans une cour perdue au bas de cette terrasse est la
statue en bronze du duc d'Orléans, par *Marochetti*, qui fut
érigée, en 1844, dans la cour du Louvre.

Orangerie. — L'Orangerie, construite en 1685, par *Mansart*,
est, par le caractère mâle et simple qui la distingue, par l'effet
grandiose et pittoresque de ses deux rampes d'escaliers, « le
plus bel ouvrage d'architecture qui soit à Versailles ». Elle se
compose d'une galerie du milieu de 155 m. de longueur sur
12 m. 90 de largeur, et de deux galeries latérales ayant chacune
114 m. 43 de longueur.

Devant le bâtiment, et au pourtour d'un bassin, sont rangées,
dans la belle saison, près de 1200 caisses d'orangers et de
300 caisses d'espèces variées. Le plus vieux des orangers (un
bigaradier) est celui qu'on nomme le *Grand-Bourbon*, parce qu'il
fut acquis en 1523 par la confiscation des biens du connétable de
Bourbon; on croit qu'il fut semé en pot, à Pampelune, par
Blanche de Navarre, en 1421; il aurait donc 475 ans. Trans-
porté d'abord à Fontainebleau, Louis XIV le fit venir à Versailles en 1664.

Sous le bâtiment du milieu, vis-à-vis de la porte centrale, est
une statue en marbre de Louis XIV, par *Desjardins*, destinée en
1686 à être dressée sur la place des Victoires à Paris. La tête,
mutilée pendant la Révolution, a été refaite en 1816.

Pièce d'eau des Suisses. — La pièce d'eau des Suisses, que
l'on aperçoit du haut de la terrasse du parterre du Midi, est

Pièce d'eau des Suisses, d'après une photographie. — Le Versaillais

ainsi nommée parce qu'un régiment suisse fut employé à la creuser en 1679; elle a 400 m. de longueur sur 140 m. de largeur. A l'extrémité est une statue équestre qui devait représenter Louis XIV; ce dernier ouvrage du Bernin fut envoyé de Rome; Louis XIV en fut si mécontent qu'il voulut la faire briser. Girardon la retoucha et en fit un *Marcus Curtius*.

On se dirige vers la partie N. du jardin pour parcourir le second parterre qui s'étend devant l'aile du palais.

Parterre du Nord (Pl. 3). — Il est entouré de vases en bronze, par Ballin, Anguier, etc. A dr. et à g. du perron de l'escalier qui descend dans le parterre sont deux statues en marbre d'après l'antique : le *Scythe écorcheur*, vulgairement le *Rémouleur*, par Foggini, et la *Vénus accroupie*, par Coysevox. Dans la partie basse de ce parterre sont les deux *Bassins des Couronnes*, décorés des figures en plomb de Tritons et de Sirènes, par Tuby et Le Hongre. Un peu plus bas que les bassins des Couronnes est la *fontaine de la Pyramide* (Pl. 4), dont les sculptures en plomb sont l'œuvre de Girardon. Enfin, au-dessous de celle-ci est un bassin carré, où l'eau tombe en cascade. On remarque, sur la face principale de ce bassin, un beau bas-relief en plomb bronzé, représentant les *Nymphes au bain*, par Girardon; les autres bas-reliefs sont de Legros et de Le Hongre.

L'allée qui descend de ce bassin carré au grand bassin de Neptune est désignée sous le nom de l'*Allée d'Eau*. Avant de la prendre, nous indiquerons les statues adossées aux bosquets du pourtour du parterre du Nord. Ce sont, à dr. et en commençant du côté du palais : le *Poème héroïque*, par Drouilly; le *Flegmatique*, par Lespagnandelle; l'*Asie*, par Roger; le *Poème satirique*, par Buyster; — à dr. et à g. du bassin carré : le *Sanguin*, par Jouvenet; le *Colérique*, par Houzeau; — et, en continuant au delà de l'Allée d'Eau : l'*Hiver*, par Girardon; l'*Eté*, par Hutinot; l'*Amérique*, par Guérin; l'*Automne*, par Regnaudin.

L'allée qui longe la rampe du bosquet d'Apollon, dite *allée des Fontaines*, est ornée, en recommençant par le haut, de statues représentant : l'*Europe*, par Mazeline; l'*Afrique*, par Cornu; la *Nuit*, par Raon; la *Terre*, par Massou; le *Poème pastoral*, par Granier.

Allée d'Eau. — Cette allée en pente a été dessinée par Claude Perrault. Sur les bandes de gazon qui la partagent on remarque vingt-deux groupes, chacun de trois enfants, jeunes garçons et jeunes filles, Amours et Satyres, jouant, dansant, revenant de la chasse, exécutés par Legros, Lerambert, Massou. Ces groupes (dits populairement *Marmousets*) sont placés chacun au milieu d'un bassin en marbre blanc; ils soutiennent une cuvette de marbre du Languedoc, au milieu de laquelle s'élève un petit jet d'eau qui retombe en nappe dans le bassin inférieur.

A l'extrémité de l'Allée d'Eau se trouve à dr. l'entrée du bosquet de l'*Arc de Triomphe*, entièrement refait à la moderne, et dont l'arc de triomphe qui l'ornait a disparu. On y voit la *France* assise dans un char. Cette figure et celle de l'*Espagne*, appuyée sur un lion, sont de Tuby; celle de l'*Allemagne*, assise sur un aigle, est de Coysevox. Sur le premier degré de marbre se tord un dragon expirant, symbole de la triple alliance.

A l'issue de l'Allée d'Eau et entre cette allée et le bassin de Neptune on remarque un bassin rond (*bassin du Dragon*), d'où s'élancent neuf jets d'eau. Toutes les sculptures en plomb sont dues à des artistes modernes et n'ont aucun caractère Louis XIV.

Bassin de Neptune. — De tous les bassins du parc, le plus grand et le plus remarquable, tant par le caractère grandiose des sculptures qui le décorent que par l'abondance de ses eaux, est sans contredit le bassin de Neptune. C'est le jeu des eaux de cette merveille d'hydraulique que l'on réserve en dernier lieu comme une sorte de *bouquet*, qui termine magnifiquement la fête féerique des *Grandes eaux*.

Une longue tablette ornée de vingt-deux vases de plomb bronzé, et garnie d'un jet entre chaque vase, règne le long de la façade S. du bassin; ces jets et ceux qui s'élèvent de chaque vase, au nombre de 63, sont reçus dans un chenal d'où l'eau s'échappe dans de vastes coquilles placées aux angles et par des mascarons, pour retomber dans la grande pièce. — Sur la tablette inférieure sont trois vastes plateaux, sur lesquels sont placés des groupes de métal; au centre : *Neptune* ayant à sa gauche *Amphitrite*, assise dans une grande conque marine, par Adam aîné (1740); à g. : *Protée* gardant les troupeaux de Neptune et appuyé sur une licorne, par Bouchardon (1739); à dr. : l'*Océan*, par Lemoyne (1740). — Aux deux extrémités de la tablette circulaire sont placés deux *dragons marins montés chacun par un Amour* (par Girardon).

A dr. du bassin de Neptune est la *grille du Dragon*, qui mène dans Versailles au quartier Notre-Dame. Près de là, dans l'allée circulaire tracée en face du bassin de Neptune, on voit une assez belle statue de *Bérénice* (d'après l'antique), par Lespingola. Sous les massifs, en face du groupe de Neptune et d'Amphitrite, est un groupe dessiné par Lebrun et exécuté à Rome par Guidi, dans le style de décadence qui y régnait alors; il représente *la Renommée écrivant l'histoire de Louis XIV*. A l'autre extrémité, du côté de Trianon, dont on aperçoit le palais au bout d'une longue avenue sur laquelle ouvre la grille de Neptune, se dresse une statue de *Faustine* (d'après l'antique), par Frémery.

Après avoir visité cette première partie des jardins qui s'étend immédiatement devant le château, nous allons achever de les parcourir, en nous rapprochant peu à peu de Trianon. Pour cela, nous reviendrons nous placer en avant des deux grands bassins du *parterre d'eau*, au-dessus de l'escalier et des rampes qui descendent dans le parterre de Latone. De là, tournant le dos au palais, nous apercevons une longue perspective : à nos pieds s'étale le *parterre de Latone* ; au delà s'ouvre une magnifique avenue bordée de futaies et ayant au milieu un champ de gazon nommé le *Tapis-Vert* ; à l'extrémité du Tapis-Vert se montre le *bassin d'Apollon*, et, en arrière, un *grand canal* qui s'étend jusqu'à l'horizon. Pour procéder avec ordre dans notre promenade, nous visiterons d'abord le parterre de Latone et le Tapis-Vert, puis les parties latérales du parc.

Les deux fontaines (à g. et à dr. de l'escalier). — La fontaine du côté de l'Orangerie est appelée *fontaine du Point-du-Jour* (Pl. 5), du nom d'une statue qui l'avoisine, reconnaissable à l'étoile qu'elle porte sur le front, exécutée par Marsy. Des deux côtés de la fontaine, à g., l'*Eau*, œuvre charmante de Legros ; à dr., le *Printemps*, par Magnier. — Des deux côtés de la *fontaine de Diane* (Pl. 6), à dr. : le *Midi* sous la figure de *Vénus*, par G. Marsy, et à g., le *Soir* sous la figure de *Diane*, par Desjardins. — En retour de la fontaine, l'*Air*, avec un aigle à ses pieds, par Le Hongre.

Sur l'appui de la bordure supérieure de chacune des fontaines sont des groupes d'animaux en bronze, fondus par les frères Keller (1687). Ils lancent de l'eau dans les bassins et représentent : un tigre terrassant un ours ; un limier abattant un cerf, modelés par Houzeau ; un lion combattant un sanglier ; un lion terrassant un loup, par Van Clève.

Du parterre d'eau, on descend dans celui de Latone par un escalier central, ou par deux rampes douces qui se développent sur les côtés.

Aux angles de l'escalier du milieu sont deux *vases*, par Dugoulon et Drouilly. Quatre autres *vases*, placés sur le second perron formant terrasse, ont été faits à Rome, d'après l'antique, par Grimaud et d'autres élèves.

Voici maintenant l'indication des statues qui décorent les rampes.

Rampe de g. ou du S. : — Le *Poème lyrique*, par Tuby ; — Le *Feu*, par Dossier ; — *Prisonnier barbare* (d'après l'antique), par Lespagnandelle ; — *Vénus Callipyge* (d'après l'antique), par Clérion ; — *Silène portant Bacchus enfant* (d'après l'antique qui est au Louvre), par Mazière ; — *Antinoüs* (d'après l'antique), par Legros ; — *Mercure* (d'après l'antique), par Melo ; — *Uranie* (d'après l'antique), par Carlier ; — *Apollon du Belvédère* (d'après l'antique), par Mazeline. — En face de la statue d'Apollon est celle du *Gladiateur mourant* (d'après l'antique), par Mosnier.

Rampe de dr. ou du N. : — Le *Mélancolique*, par La Perdrix ; — *Antinoüs* (d'après l'antique), par Lacroix ; — *Prisonnier barbare* (d'après l'antique), par André ; — *Faune* (d'après l'antique qui est au Louvre), par Hurtrelle ; — *Bacchus* (d'après l'antique), par Granier ; — L'impératrice *Faustine* sous la figure de *Cérès* (d'après l'antique), par Regnaudin ; — L'empereur *Commode* sous la figure d'*Hercule* (d'après l'antique), par Nicolas Coustou ; —

Uranie (d'après l'antique), par Frémery ; — *Ganymède* (d'après l'antique), par Laviron, et, en face de Ganymède, la jolie statue de la *Nymphe à la coquille*, copie par Suchetet de la statue de Coysevox, d'après l'antique, qui a été transportée au Louvre.

Bassin de Latone (Pl. 7). — Le bassin de Latone, dont les plombs ont été récemment redorés, est au milieu du parterre (Pl. 8). Sur le plus élevé des gradins de marbre rouge étagés en pyramide, le groupe de Balth. Marsy : *Latone* avec ses deux

Bassin de Latone et Tapis-Vert.

enfants, *Apollon* et *Diane*, qui demande vengeance à Jupiter contre les insultes des paysans de la Lycie. Çà et là, au pourtour, des grenouilles, des lézards, des tortues, des paysans et paysannes, dont la métamorphose commence, lancent contre la déesse des jets d'eau qui croisent dans tous les sens leurs gerbes brillantes.

Les deux petits *bassins*, dits *des Lézards*, avec des gerbes de 10 m. env., placés plus bas, dans le parcours, font suite aux métamorphoses des paysans de la Lycie.

A dr. et à g. du bassin : huit vases, dont trois représentent un sacrifice à *Diane* ; trois autres, une fête de *Bacchus*, œuvres de Cornu, d'après les vases antiques dits : Borghèse et Médicis. Les deux derniers vases, de Hardy et de Prou, représentent : le premier, le jeune dieu *Mars* sur un char tiré par des loups; le second, *Mars* assis sur des trophées et couronné par des génies.

Des Termes en marbre sont adossés aux bosquets des *quinconces du Midi et du Nord*. — Dans la demi-lune en avant du Tapis-Vert sont placés les groupes suivants : A g. (S.) : *Castor et Pollux* (d'après l'antique), par Coysevox; — *Arria et Pætus* (d'après l'antique), par Lespingola.

A dr. (N.) : *Papirius et sa mère* (d'après l'antique), par Carlier; — *Laocoon et ses fils* (d'après l'antique), par Tuby.

Grande allée du Tapis-Vert. — La belle avenue ouverte dans le centre du parc et qui relie le parterre de Latone au bassin d'Apollon, est remarquable par le long tapis vert qui s'étend au milieu et qui lui a fait donner son nom. Cette immense nappe de gazon sert d'arène à un exercice auquel se livrent, selon une tradition non interrompue, une foule de provinciaux, de parieurs de toutes conditions, qui essayent, un bandeau sur les yeux, d'arriver jusqu'au bout sans avoir dévié et quitté l'herbe pour le sable.

Le Tapis-Vert est bordé d'une double haie de vases et de statues dont voici les noms : — Côté g. (S.) : la *Fidélité* (dessin de Mignard), par Lefèvre; — *Vénus* sortant du bain, par Legros, statue intéressante, imitée d'un antique qui se trouvait au château de Richelieu; — *Faune* au chevreau (d'après l'antique), par Flamen; — *Didon* sur son bûcher, par Poultier; — *Amazone* (d'après l'antique), par Buirette; — *Achille* sous l'habit de *Pyrrha*, par Vigier (spécimen de mauvais style, vers 1695).

Côté dr. (N.) : La *Fourberie* (dessin de Mignard), par Leconte; — *Junon* (antique restauré); — *Hercule et Télèphe*, par Jouvenet; — *Vénus de Médicis* (d'après l'antique); — *Cyparisse* caressant son cerf, par Flamen; — *Artémise*, par Lefèvre et Desjardins.

A peu près aux deux tiers du Tapis-Vert, à g., on aperçoit le bosquet de la Colonnade (*V.* ci-dessous).

Revenant sur nos pas, nous allons décrire les deux grandes divisions du parc du Midi et du parc du Nord, séparées par le parterre de Latone et le Tapis-Vert. Nous commençons par le côté du S.

Les *bosquets* que nous indiquons sont ouverts au public de 10 h. du matin à la nuit. Les principaux sont fermés du 31 octobre au 1er mai.

BOSQUETS DU CÔTÉ GAUCHE (SUD).

Ces bosquets sont divisés dans leur longueur par une allée parallèle au Tapis-Vert, mais double de longueur : l'*allée de Saturne et de Bacchus*, ainsi nommée à cause des figures qui ornent deux bassins situés dans cette allée. Le premier bassin (du côté de l'Orangerie) est octogone; le groupe en plomb représente *Bacchus* et de petits Satyres, par les frères Marsy, d'après les dessins de Lebrun. — Le bassin le plus éloigné est rond; le groupe représente *Saturne* entouré d'enfants, par Girardon (dessin de Lebrun).

Nous visiterons maintenant les divers bosquets de cette partie g. du parc, en commençant par ceux du côté de l'Orangerie et en nous avançant successivement vers le grand canal.

Bosquet de la Cascade, dit Salle de bal (Pl. 9). — Ce bosquet, appelé ainsi parce qu'il a servi à cet usage dans plusieurs grandes fêtes, présente au fond une cascade composée de gradins en rocailles et en coquillages, et enrichie de vases et de torchères en métal bronzé. En face de la cascade, l'*Amour terrassant un Satyre,* joli groupe en marbre.

Bosquet de la Reine (Pl. 10). — Ce bosquet remplace l'ancien *labyrinthe*, supprimé en 1775. On y remarque un quinconce de tulipiers, décoré par quatre beaux vases en bronze et deux statues en bronze, d'après l'antique (*Vénus de Médicis* et *Gladiateur combattant*).

C'est dans ce bosquet que se passa, en 1785, une scène des plus singulières : le cardinal de Rohan, dupe d'intrigants et surtout de son aveugle crédulité, entrevit à la nuit une certaine Oliva, ayant une taille et une toilette pareilles à celles de Marie-Antoinette, et il crut avoir rencontré la reine. Dans l'espérance de rentrer en grâce auprès de cette princesse, mal disposée pour lui à cause de sa conduite politique comme ambassadeur à Vienne, il crut voir dans cette rencontre un mystérieux assentiment à négocier pour elle l'achat du collier de diamants de 1,600,000 fr., que le joaillier Bœhmer lui avait fait offrir et qu'elle avait précédemment refusé. C'est ainsi que se noua cette funeste *affaire du collier*, dont la malveillance s'arma pour répandre d'infâmes calomnies sur la reine, et qui a préparé contre elle la haine de la Révolution.

Nous prenons maintenant l'*allée de l'Automne* et, nous dirigeant du côté du parterre de Latone, nous passons devant le bassin de Bacchus et, au delà, nous entrons à g. dans le quinconce du Midi.

Quinconce du Midi. — Nous signalerons dans ce vaste espace, à l'E. de la salle des Marronniers, une suite de Termes en marbre exécutés d'après les dessins de Poussin, par Fouquet. Du côté du S. sont les sujets suivants : *Morphée*, un *Moissonneur, Flore*, une *Bacchante*; du côté du N. : *Pomone, Minerve, Hercule, Vertumne*. Dans plusieurs de ces Termes, le génie sévère de Poussin se retrouve encore à travers la traduction faite par le sculpteur.

Après avoir traversé le quinconce du Midi, nous arrivons à l'*allée de l'Hiver*, qui s'étend du Tapis-Vert au Jardin du Roi (*V.* ci-dessous); nous jetons un coup d'œil sur un *vase* en marbre, dessiné par Mansart, et, passant devant le bassin rond de Saturne, nous voyons au delà, à g., le bassin du Miroir.

Bassin du Miroir (Pl. 11). — On remarque autour quelques statues antiques très bien restaurées : une *Vestale* tenant une patère; *Apollon*; *Vénus*; une autre *Vestale*.

Jardin du Roi. — Le Jardin du Roi, promenade favorite des habitants de Versailles, remplace l'ancien bassin de l'*Ile d'Amour*. Il fut tracé par Dufour, architecte du roi Louis XVIII, et exécuté en trois mois. — De la porte d'entrée on aperçoit, sur le tapis de verdure, une colonne surmontée de la statue de Flore. — A l'extérieur et à l'extrémité se voient *Hercule Farnèse*, par Cornu, et *Flore Farnèse*, par Raon, statues colossales d'après l'antique.

Retournant au bassin de Saturne, nous entrons, à g., dans une avenue droite qui se dirige vers le bassin d Apollon, et nous prenons, à g., une allée qui conduit au milieu de la Salle des Marronniers.

Salle des Marronniers (Pl. 12). — Cette salle, au N. du Jardin du Roi, se nommait autrefois la salle des Antiques, à cause des statues antiques qui l'ornaient; elle n'a conservé que les suivantes : *Antinoüs* et *Méléagre*, et les bustes (côté du S.) de *Marc-Aurèle*, d'*Othon*, d'*Alexandre*, d'*Apollon*, (côté du N.) d'*Annibal*, d'*Octavien*, de *Sévère*, d'*Antonin*.

Il ne nous reste plus, pour achever le parcours des bosquets du S., qu'à visiter celui de la Colonnade, dont la principale entrée est par l'allée du Tapis-Vert.

Bosquet de la Colonnade (Pl. 13). — Ce bosquet renferme un péristyle en marbre, de forme circulaire (32 m. de diamètre) et d'un riche aspect décoratif; il est composé de 32 colonnes en marbres de différentes couleurs, avec des chapiteaux en marbre blanc. Sur les colonnes viennent s'appuyer une suite d'arcades cintrées, ornées à leurs clefs de masques de Nymphes, de Naïades ou de Sylvains. Dans les tympans sont des bas-reliefs par Mazière, Granier, Le Hongre, Leconte et Coysevox. Sous les arcades sont placées 28 cuvettes en marbre, de chacune desquelles s'élève un jet d'eau qui retombe en cascade dans le chenal inférieur. Toute cette architecture a été exécutée par Lapierre, d'après les dessins de Mansart. — Au centre est l'*Enlèvement de Proserpine par Pluton*, groupe en marbre, chef-d'œuvre de Girardon, d'après les dessins de Lebrun; les bas-reliefs du piédestal, également de Girardon, figurent les diverses scènes de cet enlèvement.

En sortant de ce bosquet on descend, par le Tapis-Vert, jusqu'au bassin d'Apollon.

En avant de ce bassin s'élargit une demi-lune où des statues de marbre sont adossées aux massifs des bosquets. — A g. (S.) : *Ino se précipitant dans la mer avec son fils Mélicerte*, groupe par Granier, d'après Girardon; *Pan*, par Mazière, d'après Girardon; le *Printemps*, par Arcis et Mazière; *Bacchus*, par Raon; *Pomone*, par Le Hongre, et une statue de *Bacchus*. dont la partie supérieure a été refaite en 1853 par Duseigneur. — A dr. (N.) :

Aristée et Protée, d'après Girardon, par Slodtz, 1723 ; Termes de *Syrinx*, de *Jupiter* et de *Junon*, par Clérion, de *Vertumne*, par Le Hongre, et une statue antique en marbre de *Silène*.

Bassin d'Apollon et Canal. — A l'extrémité de la grande allée du Tapis-Vert se trouve le *bassin d'Apollon*. — Au centre, un groupe en plomb représente *Apollon* sur son char traîné par quatre chevaux et entouré de Tritons et de monstres marins, exécuté par Tuby, d'après les dessins de Lebrun. De la gerbe d'eau s'élancent trois jets : l'un de 18 m., et les deux autres de 15 m.

A la suite de ce beau bassin s'étend le **Grand Canal** (promenade en bateau, par pers. 50 c. l'heure; à dr., petit café), large de 62 m. et long de 1,558 m. Sous Louis XIV, cette majestueuse pièce d'eau était couverte de bâtiments de toutes formes, principalement de gondoles vénitiennes. Les fêtes finissaient toujours par quelque feu d'artifice sur le canal.

Entre le bassin d'Apollon et le commencement du grand canal sont rangées, du côté g. (S.), les statues suivantes : — *Consul romain* (antique); — *Empereur romain* (antique); — la *Foi*, statue gracieuse, mais sans style, par Clodion; — *Leucothoé* et *Bacchus* (antique); — *Hercule* (antique); — *Junon* (d'après l'antique). — Côté dr. (N.) : *Empereur romain* (antique); — *Bacchus* (antique); — *Apollon* (d'après l'antique); — la *Clarté*, figure bizarre, par Baldi; *Hercule* — (antique); — *Cléopâtre*.

Parvenus à cette extrémité du parc, nous pourrions visiter la partie **N.** des bosquets, successivement en remontant vers le château; mais, pour suivre une marche parallèle à celle que nous avons adoptée pour la description des bosquets de la partie S., nous recommencerons notre parcours depuis le parterre de Latone et de là, nous rapprochant peu à peu du bassin d'Apollon, quand nous y serons arrivés une seconde fois, notre examen du parc de Versailles étant terminé, nous n'aurons plus qu'à nous rendre aux Trianons.

BOSQUETS DU CÔTÉ DROIT (NORD).

Ces bosquets sont divisés dans leur longueur par une allée parallèle au Tapis-Vert : l'*allée de Flore et de Cérès*, ainsi nommée à cause des figures qui ornent deux bassins situés dans cette allée. Le premier bassin (du côté du château), octogonal, est décoré d'un groupe représentant *Cérès*, entourée d'Amours, par Regnaudin, d'après le dessin de Lebrun. — Le bassin le plus éloigné est rond; le groupe en plomb représente *Flore*, au milieu d'Amours, par Tuby, d'après le dessin de Lebrun.

Le premier bosquet que nous visitons de ce côté est celui des bains d'Apollon.

Bosquet des Bains d'Apollon (Pl. 14). — Ce bosquet a subi plusieurs changements. Trois ans après la replantation du parc, qui eut lieu en 1775, il fut composé sur un nouveau dessin, par Hubert Robert, qui était alors très à la mode comme dessinateur de jardins irréguliers. Il renferme un immense rocher dans lequel a été pratiquée une grotte décorée du célèbre groupe en marbre d'*Apollon et les Nymphes*, dû au ciseau de Girardon et de Regnaudin. On remarquera que, dans le groupe d'Apollon, une des Nymphes agenouillée tient une aiguière sur laquelle est sculpté le passage du Rhin. — A dr. et à g. sont : deux coursiers d'*Apollon* abreuvés par des *Tritons*, ouvrage de Guérin; et les *Tritons*, par les frères Marsy. — Par le gracieux agencement des eaux, de la verdure et de la sculpture, qu'il présente, le bosquet des Bains d'Apollon est, le jour des grandes eaux, une des merveilles de ce spectacle féerique.

Le Rond-Vert (Pl. 15). — Ce bosquet, planté sur l'emplacement du Théâtre d'eau, dont les dispositions sont reproduites dans les tableaux 737 et 738 de la salle des Résidences royales, est orné de quatre statues antiques, très endommagées, *Faune*, *Pomone*, *Cérès* et la *Santé*.

A l'extrémité du bosquet du Rond-Vert est un petit bassin d'enfants, représentés se jouant au milieu des eaux. Ces figures d'enfants sont en plomb et au nombre de huit.

De là, traversant l'*allée de l'Eté* (qui aboutit au bassin octogone de Cérès), nous entrons, en face, dans un bosquet d'égale grandeur, désigné sous le nom de bosquet de l'Etoile.

L'Etoile (Pl. 16). — A la place de ce bosquet était autrefois la Montagne d'eau. Au pourtour sont les statues antiques en marbre de *Mercure*, d'*Uranie*, d'une *Bacchante* et d'*Apollon*; et, dans l'allée circulaire, celles de *Ganymède* (d'après l'antique), par Joly, et de *Minerve*, par Bertin.

Entre l'Etoile et le Tapis-Vert s'étend le quinconce du Nord.

Quinconce du Nord. — Ce vaste espace ombragé, au S. du bosquet précédent, est décoré de Termes en marbre, exécutés à Rome d'après les dessins de Poussin; du côté du S. : *Flore*, l'*Eté*, par Théodon (en arrière); *Pan* et *Bacchus*; du côté du N. : *Faune*; l'*Hiver*, par Legros (en arrière); la *Libéralité* et l'*Abondance*.

A l'extrémité du quinconce du Nord, on aperçoit, dans l'*allée du Printemps*, un *vase* en marbre, par Robert. Le bosquet qui s'étend derrière ce vase est celui des Dômes. On y entre du côté du bassin de Flore et du côté du Tapis-Vert.

Bosquet des Dômes (Pl. 17). — Ce bosquet doit son nom à deux petits pavillons couverts d'un dôme qui ont été détruits. — Au milieu est un bassin entouré d'une balustrade en marbre blanc, ainsi qu'une terrasse avec une seconde balustrade. Sur le socle et les pilastres sont sculptés une suite de bas-reliefs

Bosquet des Bains d'Apollon, d'après une photographie de M. C. Guy.

représentant des trophées d'armes, par Girardon, Guérin et Mazeline. — Le bosquet, récemment restauré, est décoré de sept précieuses statues qui s'y trouvaient autrefois : *Acis* et *Galalée*, de Tuby, provenant de la célèbre Grotte de Téthys; le *Point du Jour*, de Le Gros ; l'*Aurore*, de Magnier, etc.

Bassin d'Encelade (Pl. 18). — Il doit son nom à la figure d'*Encelade*, dont on aperçoit seulement la tête et les bras gigantesques au milieu de fragments de rochers. Le jet d'eau (23 m.), qui sort de la bouche du Titan, à demi enseveli sous les débris de l'Etna, est un des plus élevés du jardin.

Bassin de l'Obélisque (Pl. 19). — Ce bassin, situé derrière le bassin d'Encelade, doit son nom à la forme pyramidale que prennent ses eaux jaillissantes.

Les eaux de Versailles.

N. B. — Voir, aux *Renseignements pratiques*, les Grandes Eaux et l'ordre dans lequel elles jouent.

Les dispendieuses tentatives faites pour amener des eaux abondantes à Versailles ayant échoué, on dut organiser un vaste système de rigoles qui, contournant les hauts plateaux, ramassent les eaux de pluie et de neige fondue et vont les verser dans les étangs et les réservoirs creusés pour les recevoir. Les principaux étangs sont ceux de Trappes ou de Saint-Quentin, Saclay, Bois-d'Arcy, Saint-Hubert, Perray, etc. Le développement total des rigoles est de 157,625 m., sur une largeur moyenne de 20 m. env.

Le système des étangs fournit des *eaux hautes* et des *eaux basses*.

Les eaux hautes, qui sont celles de Trappes, viennent par un aqueduc souterrain, long de 10,772 m., et se réunissent, à l'E. de Versailles, dans les bassins de Montboron. Les eaux basses viennent de la plaine de Saclay; elles sont d'abord réunies dans des étangs et traversent ensuite la vallée de Buc au moyen d'un aqueduc. Elles arrivent dans Versailles à un niveau de 13 m. plus bas que celles de Montboron. Ces eaux, soit hautes, soit basses, se distribuent : une partie directement dans la ville ou dans le parc; une autre, amenée par des conduits, du bassin de Montboron au Château d'eau; une dernière, au grand réservoir, et de ces deux réservoirs elles vont alimenter les bassins du parc.

Selon un rapport publié sur les eaux de Versailles, le cube des eaux de tous les étangs, parvenues à leur niveau de déversement, est de 7,971,726 m. cubes, niveau qu'elles atteignent, du reste, rarement. La quantité moyenne est estimée à 5,321,151 m. cubes, quantité sur laquelle il s'opère une réduction d'un cinquième par suite des infiltrations et de l'évaporation. Sur cette quantité ainsi réduite, la consommation annuelle de la ville absorbe 2,182,460 m. cubes. On voit, d'après cela, quel est l'excédent disponible pour le jeu des eaux du parc. — D'importantes améliorations ont été apportées, dans ces dernières années, au système des eaux de consommation de la ville de Versailles, au moyen d'un plus grand développement de puissance donné à la machine de Marly.

Il faut distinguer dans le jeu des eaux ce qu'on appelle les *petites eaux* et les *grandes eaux*. Elles jouent alternativement tous les dimanches dans la belle saison. — Les *grandes eaux* se composent des bassins réservés, tels que la *salle de Bal*, la *Colonnade*, les *bains d'Apollon*, et surtout du *bassin de Neptune*. Les *petites eaux* commencent ordinairement à jouer vers trois heures. A quatre heures, commencent les *grandes eaux*; et, à partir de ce moment, outre les jeux nouveaux des bosquets, d'autres bassins, tels que ceux de Latone et d'Apollon, reçoivent un plus grand développement de leurs eaux jaillissantes. C'est alors qu'il faut savoir se diriger dans le parc pour visiter tour à tour ces merveilleux spectacles hydrauliques. Notre itinéraire fournit d'amples renseignements à cet égard. Du reste, la foule se porte d'elle-même et par tradition aux différents bassins, et finit par se rassembler autour du bassin de Neptune (vers 5 h.).

Les Trianons.

DIRECTION. — Ces deux palais sont desservis par un tramway (*V*. les *Renseignements pratiques*); mais on peut s'y rendre à pied, en une petite demi-heure, depuis les gares des ch. de fer. Si l'on arrive par celui de la rive g., il faut aller au Château, traverser le parc et, parvenu au bassin d'Apollon, prendre l'allée qui s'ouvre à dr., sortir du parc à g., à l'extrémité de cette allée, d'où l'on n'a que quelques centaines de pas à faire pour gagner la grille de la grande entrée (*V*. ci-dessous). Si l'on arrive par celui de la rive dr., on doit prendre le *boulevard de la Reine*, le suivre jusqu'à la *barrière de la Reine*, et, au delà de cette barrière, suivre encore un peu le prolongement qui aboutit obliquement à la grande avenue, bordée de doubles rangs d'arbres, qui elle-même va directement du bassin de Neptune au palais du grand Trianon.

N. B. — A l'extrémité d'une des branches du grand canal, dite *bras de Trianon*, on aperçoit deux rampes d'escalier qui montent au parc (réservé) du grand Trianon; mais ces escaliers sont fermés de grilles, et, si l'on arrivait de ce côté, il faudrait faire un détour sur la dr. pour gagner les entrées des deux Trianons.

Arrivé à l'esplanade sur laquelle s'ouvre la *grille de la grande entrée* (Pl. *d*, 1), on franchit cette grille et l'on suit la belle avenue qui va au palais du grand Trianon. (Après avoir dépassé la grille on peut gagner de suite le petit Trianon, en prenant à dr., derrière les bâtiments du concierge et du corps de garde, une allée bordée de peupliers.) A l'extrémité de l'avenue, on arrive à une autre esplanade qui précède la cour du palais du grand Trianon. La porte d'entrée est à g., sous l'horloge.

HISTOIRE. — Versailles était loin d'être achevé que déjà Louis XIV, après avoir acquis, en 1663, des moines de Sainte-Geneviève, des terres sur la paroisse de Trianon (désignée sous le nom de *Triarnum* dans une bulle du XII⁰ s.), s'y fit bâtir, en 1670, un petit château, ou plutôt un pavillon, pour aller s'y reposer des ennuis du faste et de la représentation. C'était d'abord, dit Saint-Simon, une *maison de porcelaine à aller faire des collations*. Au bout de quelques années, vers 1687, la fantaisie royale voulut, à la place de ce pavillon, avoir un palais. Mansart fut chargé d'en dessiner les plans et les constructions s'élevèrent rapidement. A cette occasion Saint-Simon raconte qu'une querelle des plus vives s'éleva entre Louis XIV et Louvois au sujet de la dimension d'une fenêtre. Le Nôtre l'ayant mesurée, sur l'ordre du roi, il se trouva que le roi avait raison ; et, comme Louvois protestait avec peu de modération, Louis XIV impatienté le fit taire et le malmena fort durement. S'il faut en croire cet écrivain satirique, Louvois, désespéré d'avoir encouru pour toujours la disgrâce du roi, et afin de prouver à Louis XIV qu'il ne pouvait pas se passer de lui, aurait, à propos de la double élection de Cologne, suscité la guerre qui amena la ruine du Palatinat.

Louis XIV venait fréquemment avec les princes et princesses de sa famille visiter cette résidence, et l'on jouissait de toutes ces nouveautés avec une ardeur singulière. Cependant, à partir de 1700, le roi ne coucha plus à Trianon, et, désenchanté de ce palais, il voulut encore se créer une autre habitation moins magnifique, mais plus commode. C'est alors que Mansart construisit pour lui le château de Marly. Les jardins furent replantés en 1776.

Louis XV fit, à l'instigation du duc d'Ayen, créer à côté de Trianon un jardin botanique célèbre par les expériences de Bernard de Jussieu et par ses arbres exotiques rapportés de l'Angleterre. Ce jardin, appelé le *petit Trianon*, était séparé, par une avenue, du grand Trianon. La fantaisie de Louis XV voulut bâtir là un château, diminutif du grand Trianon. Ce château du petit Trianon, construit en 1766 par Gabriel, est composé d'un pavillon formant un carré de 23 m. de façade. Louis XVI, lors de son avènement au trône, donna le petit Trianon à Marie-Antoinette ; elle y fit planter des jardins pittoresques, à l'*anglaise* ou naturels, que les Anglais appelaient *jardins chinois*. Au milieu de ces jardins, Mique, l'architecte de la reine, inspiré par le duc de Caraman, creusa un lac, traça des rivières, dissémina des maisons rustiques, sorte de décors d'opéra figurant un hameau, et éleva au milieu des bosquets le Temple de l'Amour et le Belvédère, près du grand rocher.

Marie-Antoinette prit ce séjour en affection. Elle venait s'y reposer dans l'intimité et y échanger le faste de Versailles contre d'innocentes, mais fort peu naïves imitations de la vie villageoise. Bientôt elle voulut y jouer la comédie. Elle interpréta fort bien les rôles de Colette dans le *Devin de village*, et de Rosine dans le *Barbier de Séville*. Beaumarchais assista à cette dernière représentation qui avait lieu au moment même où le *Mariage de Figaro* remuait tout Paris et éveillait déjà ces passions révolutionnaires qui devaient éclater quatre ans plus tard et conduire à l'échafaud ou en exil les acteurs et les spectateurs du petit Trianon !

Vers 1797, un limonadier de Versailles, nommé Langlois, eut l'idée de louer le petit Trianon pour en faire un jardin public. Il y établit un restaurant, donna des fêtes avec illuminations et feux d'artifice. Ce fut dans ce jardin que Garnerin fit ses premières ascensions aérostatiques. Quant aux meubles, ils furent vendus à l'encan.

Napoléon fit faire des réparations aux deux Trianons et les fit meubler. Le jour de la dissolution de son mariage avec Joséphine, il se retira à Trianon, et l'impératrice à la Malmaison.

Louis XVIII et Charles X ne firent aucun séjour à Trianon ; mais ce dernier s'y arrêta en partant pour l'exil. Louis-Philippe y fit exécuter, par Ch. Nepveu, architecte, des travaux considérables. Le mariage de la princesse Marie avec le duc Alexandre de Wurtemberg y fut célébré en 1837. Le petit Trianon devint ensuite la résidence d'été du duc et de la duchesse d'Orléans. En 1848, Louis-Philippe, fuyant Paris, s'arrêta aussi à Trianon, après avoir quitté Saint-Cloud. En 1871, y siégea, sous la présidence du duc d'Aumale, le conseil de guerre qui condamna le maréchal Bazaine.

LE GRAND TRIANON

Le grand Trianon (V. Pl. A, e), le musée des voitures et le petit Trianon sont visibles tous les jours, excepté le lundi, du 1er avril au 30 septembre, de 10 h. du matin à 6 h. du soir ; et, du 1er octobre au 31 mars, de 11 h. du matin à 4 h. du soir. La chapelle de Trianon n'est visible qu'avec passeport ou par tolérance officieuse (s'adresser au gardien).

Ce palais se compose du seul rez-de-chaussée, sans toit apparent et sans caves sous les appartements, avec deux ailes en retour d'équerre qui encadrent la cour. Les proportions de la façade sont élégantes.

Sous Louis-Philippe, de nombreuses améliorations furent apportées aux lacunes ou aux défectuosités des distributions intérieures. C'est à cette époque que la grande galerie, qui n'était qu'un simple corridor, fut transformée en salle à manger et que des communications souterraines furent créées à grands frais pour faciliter le service jusqu'à l'extrémité de l'aile de Trianon-sous-Bois.

Nous allons passer rapidement en revue les salles du château du grand Trianon et signaler les principaux objets d'art.

On entre à g. sous l'horloge, on traverse un *vestibule* et on longe un *corridor* orné de gravures.

SALON DES GLACES (salle du Conseil des ministres sous Louis-Philippe ; elle a vue sur la branche transversale du grand canal du parc de Versailles). — Au centre, table ronde de 2 m. 80 de diamètre, dont le dessus, en chêne de Malabar, est d'un seul morceau.

CHAMBRE A COUCHER. — Lit sculpté et doré surmonté d'un médaillon portant les lettres L. P. et de deux cornes d'abondance. — Pendule en porcelaine de Sèvres. — Quatre tableaux de fleurs, par *Monnoyer*.

CABINET DE TRAVAIL. — Quatre tableaux (épisodes de la vie de Minerve), par *Houasse*. — Portrait de Joseph II, empereur d'Autriche.

SALON DE FAMILLE. — Grand vase de Sèvres ; sur une console dorée, deux statuettes en bronze vert antique. — Quatre tableaux de fleurs, par *Monnoyer*. — Portraits de Louis XV et de Marie Leczinska, par *J.-B. Vanloo*. — Riche surtout de table.

ANTICHAMBRE DE L'AILE GAUCHE (salle des princes et des seigneurs sous Louis XIV). — Table dont le dessus est formé d'échantillons de marbres.

GRAND VESTIBULE. — L'ex-maréchal Bazaine a été jugé et condamné à mort dans cette salle. — La France et l'Italie, groupe en marbre par *Véla*, offert par les dames de Milan après la guerre d'Italie. — Le Tireur d'épine, la Joueuse d'osselets, statues en marbre d'après l'antique. — Jeune pâtre romain, par *Brun*. — L'Amour, par *Lorta*. — Vases en terre de Sarreguemines, imitation de porphyre.

SALON CIRCULAIRE OU SALON DES COLONNES. — Olympia abandonnée, statue sculptée par *Etex*. — Le *Faune au chevreuil* (d'après l'antique). — Fleurs et fruits, par *Monnoyer* et *Desportes* — 28. M. *Coypel*. Jupiter chez les Corybantes.

Salle de billard (salle de musique sous Louis XIV). — Louis XV, par L.-M. Vanloo. — Marie Leczinska, par J.-M. Nattier.

Salon de réception. — Sous Louis XIV, ce salon était séparé en deux pièces dont la première était l'antichambre des jeux, la deuxième le cabinet du sommeil. — 61, 65. Bon Boulongné. Vénus et Adonis; Vénus et Mercure. — 62. Verdier. Naissance d'Adonis. — 66. N. Coypel. Junon apparaît à Hercule. — 67. Verdier. La Nymphe Io changée en vache. — 70. Lafosse. Clytie changée en tournesol. — Quatre grands vases en porcelaine du Japon et une pendule en porcelaine de Sèvres. — Sur la cheminée, bas-relief, camée antique en albâtre oriental, représentant le Sacrifice au Dieu Pan.

Salon particulier (la chambre du couchant sous Louis XV). — Quatre vases en porcelaine de Sèvres. — Sur deux consoles, deux obélisques en granit chenillé. — Sur une table, grande coupe avec bord en vermeil.

Salon dit des Malachites (le salon frais sous Louis XIV). — Portraits de Louis XIV, du grand Dauphin, du duc de Bourgogne et du duc d'Anjou, par Rigaud; de Louis XV, par L.-M. Vanloo; du Dauphin, par Natoire. — Au milieu, grande coupe en malachite que l'on a endommagée sur les bords en cherchant à la cacher, en 1848, quand Louis-Philippe se réfugia à Trianon. Les vases et les dessus de consoles sont aussi en malachite. Ces divers objets furent donnés à Napoléon par Alexandre, après la paix de Tilsitt.

Salon dit des Boucher (ancienne bibliothèque sous Napoléon Ier). — 86, 88, 92, 93. Boucher. Neptune et Amynome; Vénus et Vulcain; La Diseuse de bonne Aventure; La Pêche. — 89. N. Coypel. L'Hiver. — 91. Saint-Ours. David apprenant la mort de Saül. — Vue des anciens aqueducs du palais de Néron, par Hubert Robert.

Grande galerie (toujours fermée). — Elle sert de communication entre cette première partie centrale du château et l'aile dite Trianon-sous-Bois (V. ci-dessous). Cette galerie est garnie de tableaux modernes peu remarquables. Un seul, le n° 149, mérite d'être indiqué à cause de la signature de l'artiste : Marie (Leczinska), reine de France, fecit, 1755. C'est une copie d'un tableau d'Oudry, qui est au musée du Louvre. Des tables de mosaïque et de marbre, ainsi que des consoles, portent des vases de Sèvres, des figurines de bronze, etc. Les deux grands vases de Sèvres, à l'extrémité de la galerie, forme étrusque, fond gros bleu, ornés de fines peintures, sont évalués 70,000 fr.

Chapelle (fermée et sans intérêt). — Elle a été construite sous Louis-Philippe. — On y remarque un tableau par Pierre Dulin (saint Claude ressuscitant son enfant); la Présentation au Temple, par Lagrenée le jeune; un vitrail exécuté à Sèvres par A. Béranger, d'après l'Assomption, de Prud'hon.

Du Salon des Boucher on passe directement dans les Petits appartements occupés par Napoléon Ier. — Antichambre. — Cabinet de travail : statue du Gladiateur en bronze vert; grand vase en porcelaine de Sèvres. — Salle de bains : baignoire transformée en canapé. — Chambre à coucher : buste de l'impératrice Marie-Louise; meubles en bois sculpté et doré; le Printemps et l'Hiver, tableaux, par Jouvenet; vases en porcelaine de Sèvres. — Salon Jaune : les quatre Saisons, par J.-B. Restout (1767); La Moisson, la Vendange, par Oudry; pendule curieuse.

Les appartements qui suivent ont été réparés en 1846 pour la reine d'Angleterre.

On traverse une antichambre.

Salon. — Au centre, guéridon en mosaïque romaine. — Beaux vases en porcelaine du Japon. — 35. Oudry. L'Abondance, tableau. — 39. Monnoyer. Vase de fleurs. — Fleurs et fruits, par Blain de Fontenay.

Chambre a coucher. — Lit en bois sculpté, meubles et rideaux de

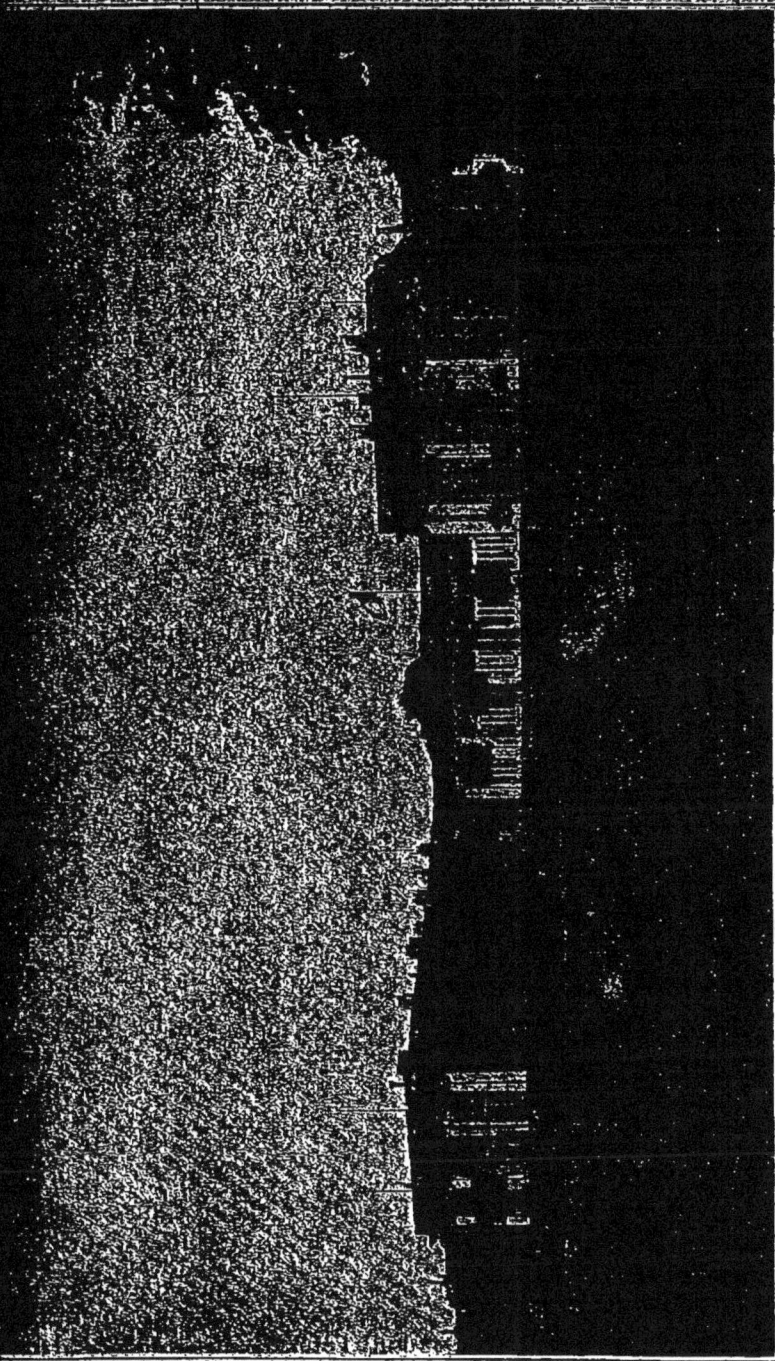

Le grand Trianon, d'après une photographie de M. C. Guy

lampas cramoisi. — Contre les murs, seize tableaux de fleurs et fruits, par *Blain de Fontenay*. — 40. *Monnoyer*. Vase de fleurs. — 44, 46, 48, 50, 54, 55. *N. Coypel*. Le Temps; Bacchus; Cérès; Thétis; Allégories, etc.

On sort en traversant un CABINET DE TRAVAIL (curieuse pendule en porcelaine de Sèvres représentant un sujet tiré de l'emploi du Temps) et un dernier VESTIBULE.

Remise des voitures. — Cette remise, située en dehors du grand Trianon, à dr. de l'esplanade qui précède le palais, le long de l'avenue qui conduit au petit Trianon, a été reconstruite en 1851, sur les dessins de M. Questel. On y voit : les chaises à porteurs de Marie Leczinska et de Marie-Antoinette, dont la première est ornée de peintures genre *Watteau*; la seconde, de peintures de *Jos. Vernet*; quatre traîneaux, dont un ayant servi à Mme de Maintenon; la voiture du sacre de Charles X, surmontée d'un groupe de Renommées au milieu duquel s'élève une couronne; la voiture dite du Baptême, qui fut construite à l'occasion du baptême du duc de Bordeaux et qui a aussi servi pour celui du fils de Napoléon III, comme elle avait déjà servi pour le mariage de ce dernier; la voiture dite l'*Opale* de Bonaparte, premier consul (elle n'a pas servi depuis le jour où, après le divorce de l'empereur, elle conduisit Joséphine à la Malmaison); la voiture dite la *Topaze*, qui date du premier Empire et a servi à l'occasion du mariage de Napoléon Ier et de l'impératrice Marie-Louise; plusieurs autres voitures de gala portant toutes des noms de pierres précieuses, et, enfin, une magnifique collection de harnais des époques de Louis XIV et Louis XV et du second Empire.

Trianon-sous-Bois. — On appelle ainsi une aile en excroissance prolongeant au N. le corps central du grand Trianon. Elle fut habitée successivement par le grand Dauphin, par Monsieur, frère de Louis XIV, par le duc de Bourgogne et par la duchesse d'Orléans. Elle contient des paysages, par *Allegrain, Galloche*, etc., et des tableaux (ruines), par *J.-B. Martin*.

Jardins du grand Trianon. — Devant le péristyle du château s'étend un parterre, dont les deux bassins circulaires sont décorés de groupes d'enfants en plomb, par *Girardon*. — Dans le bassin octogonal du bas parterre se voit un jeune Faune couché sur des raisins, par *G. Marsy*. — Des sept statues qui décoraient autrefois le parterre et le bassin du Miroir, qui en occupe l'extrémité, il n'en reste que trois : à dr., un jeune Romain appuyé sur un tronc d'arbre; à g., un jeune Romain tenant un glaive; au milieu, le Rémouleur (d'après l'antique). — Le *bassin du Miroir*, qui forme cascade, est décoré de deux groupes d'enfants et d'Amours en plomb, et de deux Dragons, par *Hardy*.

Au delà de ce bassin, une *allée verte* s'étend dans toute la largeur des jardins. On y remarque des statues faites de fragments antiques, restaurés par les frères *Marsy*.

L'*allée de la Cascade*, qui fait face au pavillon d'angle de Trianon-sous-Bois, conduit à une fontaine ou cascade en marbre blanc et en marbre du Languedoc, exécutée d'après les dessins de *Mansart* (statues de Neptune et d'Amphitrite; bas-reliefs). C'est le *Buffet*, récemment restauré, et dont les jeux d'eau sont parmi les plus intéressants du grand Trianon, qui jouent d'ordinaire chaque quinzaine pendant l'été.

Au N. du parterre, dans la partie du jardin dite l'*amphithéâtre*, sont placés 25 bustes en marbre des principaux personnages de l'antiquité. Au centre est un bassin rond, au milieu duquel s'élèvent 4 statues de Nymphes; aux angles, deux vases en plomb, par *le Lorrain*. — Entre l'amphithéâtre et la cascade est une *salle verte* avec bassin. — Dans le *parterre de Trianonsous-Bois*, nous signalerons un bassin orné d'un Faune jouant avec une panthère, par *Marsy*. — Le *Jardin du Roi*, qui communique avec le jardin du petit Trianon par un pont construit sous Napoléon Ier, renferme une fontaine surmontée d'un Amour porté par un dauphin, œuvre de *Marsy*, et, dans un bassin, un groupe de *Tuby* : deux Amours tenant un tige de fleur.

LE PETIT TRIANON

Le petit Trianon (Pl., *B*, *c*) et ses jardins sont aussi visibles aux mêmes jours et heures que le grand Trianon (*V.* ci-dessus); en été, le hameau se visite jusqu'à la nuit. C'est la plus charmante promenade qu'on puisse faire à Versailles.

Ce château forme un simple pavillon carré comprenant un rez-de-chaussée, un premier étage et un attique. Les façades sont décorées, dans toute leur hauteur, de colonnes et de pilastres corinthiens. Les bâtiments des dépendances sont distribués à quelque distance. Des travaux furent exécutés, par ordre de Louis-Philippe, pour faire du petit Trianon une résidence commode et agréable. Dans le jardin, les rochers ont été reconstruits; les eaux, les plantations, ont été rétablies comme par le passé.

Pour visiter le château, on pénètre dans la cour d'honneur par un petit vestibule qui s'ouvre à g. de la grille de la grande porte, près de la loge du gardien. Traversant cette cour, on se dirige à g. vers l'entrée du château, où se trouve, dans un vestibule, le gardien chargé de conduire les visiteurs.

VESTIBULE où l'on remarque un buste de dame romaine. — Gravissant l'ESCALIER au chiffre de Marie-Antoinette, et remarquant l'admirable lanterne, on entre, à dr., dans les appartements du premier étage.

ANTICHAMBRE. — 184, 185, 186. *Natoire*. Télémaque dans l'île de Calypso La Beauté rallumo le flambeau de l'Amour; Le Sommeil de Diane. — Bustes de Louis XVI, par *Pajou*, et de Joseph II, par *Boizot*.

SALLE A MANGER. — Le parquet y conserve les traces d'une trappe par laquelle se montaient, toutes dressées, les tables destinées aux *petits soupers* de Louis XV, afin de supprimer le service des valets. — Belles boiseries exécutées sous Louis XV. — 191, 192. *Pater*. Le Bain et la Pêche. — Portraits de Louis XVI, par *Callet*, et de Marie-Antoinette. — *Mme Lebrun*. Ballets dansés à Schœnbrunn par Marie-Antoinette, encore archiduchesse.

CABINET DE TRAVAIL DE LA REINE. — Dessus de porte et de glace : 193. Bacchus et Ariane, par *Natoire*; 194, 195. Vénus et la mort de Narcisse, par *Lépicié*. — Belle armoire à bijoux de Marie-Antoinette.

SALLE DE RÉCEPTION. — Clavecin de style Louis XVI, bureau à cylindre;

quatre tableaux de *Pater* : la Danse, la Balançoire, le Repos champêtre, le Concert champêtre.

BOUDOIR. — Curieuse table à ouvrage. — Buste de Marie-Antoinette en biscuit de Sèvres, brisé à la Révolution et réparé à la manufacture de Sèvres.

CHAMBRE A COUCHER. — Toilette, chaises sculptées. — Portrait présumé de Louis XVII, copié moderne au pastel d'après *Kocharsky*.

On sort en traversant le CABINET DE TOILETTE DE LA REINE.

La *chapelle* du petit Trianon, séparée du palais et non visitée, s'élève à g. de la grille d'entrée en arrivant. On remarque sur le maître-autel, saint Louis et Marguerite de Provence visitant saint Thibault, par *Vien*.

En sortant du petit Trianon on entre dans le jardin par la porte, à g. de la grille.

Jardin du petit Trianon. — Une fois entré dans le jardin, on peut prendre devant soi une allée qui en contourne les bords. A peu de distance, à g., on aperçoit, dans une île, le *temple de l'Amour*, petit édifice rond et ouvert, composé de colonnes corinthiennes, et construit par l'architecte Mique. Au milieu est une statue de l'*Amour qui se taille un arc dans la massue d'Hercule*, par Bouchardon (répétition de la statue qui est au Musée du Louvre). Si l'on continue à suivre pendant quelque temps la même allée, on aperçoit à g. les maisons rustiques qui composent ce qu'on appelle le *Hameau* et qui sont désignées sous les noms de la *maison de la Reine*, la *maison du Billard*, le *Boudoir*, le *Moulin*, le poulailler dit sans aucune raison *Presbytère*, la *maison du Garde*, la *Tour de Marlborough*, la *Laiterie* et la *Ferme* (*V.* Pl. 1). — Le hameau est encore tel qu'il était en 1789 : « Une belle reine fatiguée de sa cour, cherchant le repos dans la nature, partageant le goût de son temps pour la vie rustique, se donnant le plaisir de la mettre sous ses yeux, s'essayant même, par passe-temps, aux travaux de sa fermière ; voilà un spectacle assez piquant et assez touchant tout ensemble pour émouvoir l'esprit devant le hameau de Marie-Antoinette. » (Pierre de Nolhac, *La Reine Marie-Antoinette*).

Après avoir examiné ces constructions, on fait le tour du lac. Nous appelons l'attention sur un phénomène végétal qui se remarque à son extrémité (aux points marqués * sur le plan I), et qui est produit par des racines de cyprès de la Louisiane (cyprès chauve, *Cupressus disticha, toxodium distichum*). Ces racines multiplient des exostoses ou renflements ligneux, qui, dans les marais de la Louisiane, prennent jusqu'à 1 ou 2 m. de hauteur. C'est vers 1764 que furent plantés les principaux arbres qui font aujourd'hui l'ornement du jardin du petit Trianon. Enrichi depuis 1830 de beaucoup d'espèces nouvelles, il présente une très belle collection d'arbres indigènes et exotiques. Les *pins* de l'Amérique du Nord, connus sous le nom de *lord Weymouth*, y passent pour les plus beaux que l'on connaisse en Europe. Nous citerons, parmi les arbres les plus dignes d'être remarqués, un *chêne kermès*, un beau *chêne planera*, des *chênes rouges d'Amérique*, des *chênes à cupules hérissées*, et, au bord d'une allée peu éloignée de l'étang, un *chêne à feuilles de saule*, de 30 m. d'élévation.

Après s'être promené dans le jardin, on peut aller voir un autre petit lac, dominé d'un côté par le *Belvédère*, fort joli et situé au milieu d'amas de rochers factices (Pl. 4), dessiné par l'architecte Mique, et, d'un autre côté, par des rochers artifi-

Le petit Trianon.

ciels. Du tertre qui s'étend derrière le Belvédère, on aperçoit le Jardin des fleurs (*V.* ci-dessous).

Non loin du Belvédère est la *Salle de spectacle* (fermée; plafond peint par Lagrenée), qui peut contenir 300 personnes. Au milieu du parterre qui s'étend à l'O. du château, entre les deux Trianons, s'élève le *Pavillon français*, construit sous Louis XV (il servait de salle à manger d'été) : c'est un octogone dont les angles obliques sont couverts par des pièces carrées communiquant avec la salle centrale et avec le dehors.

Jardin des Fleurs. — Ce jardin, compris entre les bâtiments du jardinier en chef (Pl. 2) et l'*Orangerie* (Pl. 3), et si intéressant pour les amateurs d'horticulture, a été créé, en 1850, par M. Charpentier. On y voit plusieurs arbres remarquables : un magnifique *chêne pyramidal*; un beau chêne-yeuse (*quercus ilex*); un chêne noir (*quercus toza*); un *pin Montezuma*; un jeune pin gigantesque (*pinus Lambertiana*), arbre qui, lorsqu'il a acquis toute sa croissance, atteint 100 m. de hauteur. A peu de distance se trouve un arbre de la Californie (*Vellingtonia gigantea*), qui, en Amérique, atteint 150 m. Citons encore le *taxodium semper. virens* (Californie); un *chêne à feuilles d'ægylops* (Grèce); un *chêne de Gibraltar*, ou faux liège. Dans une allée située derrière l'Orangerie, on remarque un *chêne-liège* d'un beau développement.

Parmi les fleurs qui ont valu son nom à cet agréable jardin, nous citerons particulièrement une riche collection de *rhododendrons*, d'*azalées* et d'autres plantes de terre de bruyère.

Environs de Versailles.

En dehors du parc actuel de Versailles et des jardins des Trianons, de chaque côté du grand canal s'étendent de vastes bosquets plantés de beaux arbres et percés de larges avenues. Ces bosquets, qui faisaient partie du parc primitif, offrent d'agréables promenades et de beaux ombrages.

L'*allée des Matelots*, la première à g. si l'on sort du parc par la grille de la Ménagerie, près du bassin d'Apollon, conduit, en croisant la route de Saint-Cyr et le chemin de fer de Bretagne, aux bois de Satory (15 min. env.). — L'*allée de la Reine* et l'*allée des Paons* (la 2ᵉ et la 3ᵉ du même côté) se dirigent toutes deux vers Saint-Cyr (1 h. ou 1 h. 10) en passant, l'une à l'E., l'autre au N. et à l'O. de la *ferme de la Ménagerie*.

A l'extrémité O. du grand canal, la plus éloignée de Versailles, s'ouvre une large avenue, aboutissant, 200 ou 300 m. plus loin, à un vaste rond-point (107 m. d'alt.) d'où rayonnent dix routes ouvertes à travers bois et d'où l'on découvre une très belle vue sur le canal et le château de Versailles, qui domine au loin (3 k.) le parc et les jardins. — De ce rond-point, situé à 500 m. à l'E. du hameau de *Gally*, on peut gagner, en 10 ou 12 min., l'*allée de Noisy*, qui, partant de l'extrémité du canal la plus rapprochée de Versailles, longe les jardins du grand Trianon et conduit en 15 min. (depuis la grille du bassin d'Apollon) aux villages de Bailly ou de Noisy, sur la lisière S. de la forêt de Marly.

Les bois de Satory, traversés par le chemin de fer de l'Ouest, et beaucoup plus longs que larges, sont agréablement accidentés. Si l'on sort de Versailles par la porte de Satory, qui se trouve à l'extrémité de la rue de ce nom, et si l'on gravit la route qui croise à peu de distance le chemin de fer, on ne tarde pas à atteindre, en appuyant à dr. (600 m. depuis la porte), le carrefour du bois de Satory, situé au sommet de la colline. De ce carrefour part à dr., au S.-O., la route de Chevreuse, à dr. de laquelle descendent jusqu'à la plaine de Versailles les bois de Satory proprement dits; à g. s'étend le plateau défendu par plusieurs batteries, qui sert d'hippodrome, sur lequel des camps ont été plusieurs fois établis, des revues passées, et où se trouvent les Docks.

Une assez vaste étendue de bois comprise entre ce plateau, Versailles et la route de Versailles à Buc et à Jouy, a été transformée en promenade. On y découvre de jolis points de vue. A l'extrémité E. de l'hippodrome, on peut longer, en le dominant sur la *butte du bois Gobert*, le

chemin de fer de l'Ouest, ou aller descendre à la *porte du Cerf-Volant*, sur la route de Versailles à Buc. En tournant à dr., quand on a franchi le seuil de cette porte, on descendrait à (1 k. 6) Buc et à (4 k. 6) Jouy ; en tournant à g. on regagnerait (1 k.) la gare des Chantiers, à Versailles.

De l'autre côté de la route de Buc s'étend le *bois des Gonards*, l'une des plus agréables promenades des environs de Versailles. Ce bois est entouré de murs percés de portes qui sont presque toujours ouvertes au public. On peut aussi, de Versailles, visiter la forêt de Marly, la vallée de la Bièvre, etc. ; pour ces excurs., pour des itinéraires détaillés dans les bois de Versailles et pour la description du tramway de Marie nous renvoyons le lecteur au guide *Environs de Paris*.

PUBLICITÉ DES GUIDES JOANNE
EXERCICE 1903-1904

I. Adresses utiles. — Sociétés financières. Journaux. — Chemins de fer. — Agences de voyages. Indicateurs. — Compagnies maritimes.

ADRESSES UTILES

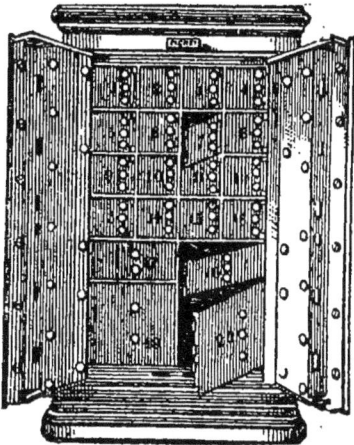

SOCIÉTÉ GÉNÉRALE

Pour favoriser le développement du Commerce et de l'Industrie en France

Société anonyme fondée en 1864

CAPITAL : 160 MILLIONS

Siège social : 54 et 56, rue de Provence, à Paris

AGENCES DANS LES DÉPARTEMENTS :

Agde.
★ Agen.
★ Aix-en-Provence.
Aix-les-Bains.
Alais.
Albert.
★ Albi.
Alençon.
★ Amiens.
★ Angers.
★ Angoulême.
★ Annecy.
★ Annonay.
Apt.
★ Argentan.
★ Arles.
★ Arras.
Aubusson.
Auch.
Auray.
★ Aurillac.
★ Autun.
★ Auxerre.
Avallon.
Avesnes.
★ Avignon.
Avize.
Avranches.
Ay.
Bagnères-de-Bigorre.
Barbentane.
★ Bar-le-Duc.
Bar-sur-Seine.
Bayeux.
★ Bayonne.
★ Beaune.
★ Beauvais.
★ Belfort.
★ Bergerac.
Bernay.
★ Besançon.
★ Béziers.
★ Biarritz.
★ Blois.
Bolbec.
★ Bordeaux.
★ Boulogne-sur-Mer.
★ Bourbonne-les-
Bains.
★ Bourges.
★ Brest.
Briey.

★ Brignoles.
★ Brive.
★ Caen.
★ Cahors.
Calais.
Cambrai.
★ Cannes.
★ Carcassonne.
Carentan.
★ Carpentras.
★ Castres.
Caudry.
Cavaillon.
Cette.
★ Chalon-sur-Saône.
★ Châlons-sur-Marne.
Chambéry.
Chambon-Feugerolles
(Le).
★ Chartres.
Châteaudun.
Châteauneuf-sur-Cha-
rente.
★ Châteaurenard.
★ Châteauroux.
Château-Thierry.
Chaumont.
Chauny.
★ Cherbourg.
★ Chinon.
Clamecy.
★ Clermont-Ferrand.
Cluny.
Cognac.
Condom.
Corbeil.
Coutances.
Creil.
Dax.
★ Dieppe.
Digoin.
★ Dijon.
Dinan.
Dôle.
★ Douai.
Doué-la-Fontaine.
★ Draguignan.
Dreux.
★ Dunkerque.
Elbeuf.
★ Epernay.
★ Epinal.

Etampes.
Eu.
★ Evreux.
Falaise.
Foix.
★ Fontainebleau.
Fontenay-le-Comte.
Fougerolles.
★ Fourmies.
Gaillac.
Granville.
★ Grasse.
Gravelines.
★ Gray.
★ Grenoble.
Guingamp.
Guise.
★ Havre (Le).
Hirson.
Honfleur.
★ Hyères.
Issoudun.
Jarnac.
★ Jussey.
La Flèche.
Laigle.
Langres.
★ Laon.
Lapalisse.
★ La Rochelle.
La Roche-sur-Yon.
★ Laval.
Lavelanet.
Ligny-en-Barrois.
★ Lille.
★ Limoges.
Lisieux.
Lodève.
Lons-le-Saunier.
★ Lorient.
Loudun.
★ Louviers.
Lure.
★ Luxeuil.
★ Lyon.
★ Mâcon.
Mamers.
★ Mans (Le).
★ Mantes.
Marmande.
★ Marseille.
Maubeuge.

★) Les Agences marquées d'un astérisque sont pourvues d'un service de location de coffres-forts.

Meaux.
* Melun.
* Menton.
Meulan.
Meursault.
Millau.
Moissac.
* Montargis.
* Montauban.
Montbéliard.
Mont-de-Marsan.
Montélimar.
* Montereau.
* Montluçon.
* Montpellier.
Moret-sur-Loing.
Morez-du-Jura.
Morlaix.
* Moulins.
* Nancy.
* Nantes.
* Narbonne.
Nemours.
* Nevers.
* Nice.
* Nîmes.
Niort.
* Noyon.
Oloron-Ste-Marie.
* Orléans.
Orthez.
* Pamiers.
Parthenay.
* Pau.
* Périgueux.
* Perpignan.
Pertuis.
* Pézenas.
Pithiviers.
* Poitiers.

Pont-Audemer.
Pont-l'Evêque.
* Pontoise.
Provins.
Puy (Le).
* Quimper.
* Reims.
Remiremont.
* Rennes.
Rive-de-Gier.
* Roanne.
Rochefort-sur-Mer.
* Rodez.
* Romans.
Romilly-sur-Seine.
Roubaix.
* Rouen.
Ruffec.
Saint-Affrique.
Saint-Amand.
Saint-Brieuc.
Saint-Chamond.
* Saint-Dié.
* Saint-Etienne.
Sainte-Foy-la-Grande.
Saint-Gaudens.
* Saint-Germain-en-
Laye.
* Saint-Jean-d'Angély.
* Saint-Lô.
Saint-Loup-sur-Se-
mouse.
* Saint-Malo.
* Saint-Nazaire.
* Saint-Quentin.
St-Remy-de-Provence.
Saint-Servan.
* Saintes.
Sarlat.
* Saumur.

* Sedan.
Semur.
* Senlis.
* Sens.
Sèvres.
* Soissons.
* Tarare.
* Tarascon.
* Tarbes.
* Thiers.
Thizy.
Thouars.
Tonnerre.
* Toul.
* Toulon.
* Toulouse.
Tourcoing.
Tournus.
* Tours.
* Troyes.
Tulle.
Uzès.
* Valence.
Valence-d'Agen.
* Valenciennes.
* Vannes.
* Vendôme.
Verneuil-sur-Avre.
* Vernon.
* Versailles.
Vervins.
* Vesoul.
* Vichy.
Vierzon.
* Villefranche-de-
Rouergue.
Villeneuve-sur-Lot.
Villeurbanne.
Vitré.
Voiron.

Agence de Londres, 53, Old Broad Street.

La **Société** a, en outre. 65 **Succursales**, **Agences** et **Bureaux** à Paris et dans la Baulieue, et des **Correspondants** sur toutes les places de France et de l'Etranger.

OPÉRATIONS de la SOCIÉTÉ GÉNÉRALE :

Dépôts de fonds à intérêts en compte ou à échéance fixe (taux des dépôts de 3 à 5 ans : **3 1/2 0/0**. net d'impôt et de timbre); — **Ordres de Bourse** (France et Etranger); — **Souscriptions sans frais**; — **Vente aux guichets de valeurs livrées immédiatement** (Obl. de ch. de fer. Obl. à lots de la ville de Paris et du Crédit foncier, Bons Panama. etc.); — **Escompte et Encaissement de coupons**; — Mise en règle de titres; — **Avances sur titres**; — **Escompte et Encaissement d'effets de commerce**; — **Garde de titres**; — **Garantie contre le remboursement au pair** et les risques de non-vérification des tirages; — **Transports de fonds** (France et Etranger); — **Billets de crédit circulaires**; — **Lettres de crédit**; — **Renseignements**; — **Assurances**; — **Services de Correspondant**, etc.

LOCATION DE COFFRES-FORTS
ET DE COMPARTIMENTS DE COFFRES-FORTS

au Siège social, dans les succursales, dans plusieurs bureaux et dans un grand nombre d'Agences, **depuis 5 fr. par mois**; tarif décroissant en proportion de la durée et de la dimension.
(**Demander les Notices spéciales** à tous les guichets de la Société.)

(*) Les Agences marquées d'un astérisque sont pourvues d'un service de location de coffres-forts.

Type **B***

CRÉDIT LYONNAIS

FONDÉ EN 1863

SOCIÉTÉ ANONYME — CAPITAL : 250 MILLIONS

ENTIÈREMENT VERSÉS

LYON, SIÈGE SOCIAL : PALAIS DU COMMERCE

PARIS : BOULEVARD DES ITALIENS

AGENCES DANS PARIS

Place du Théâtre-Français, 3.
Rue Vivienne, 31 (Bourse).
Faubourg Poissonnière, 44.
Rue Turbigo, 3 (Halles).
Rue de Rivoli, 43.
Rue Rambuteau, 14.
Boulevard Sébastopol, 91.
Rue du Faub.-St-Antoine, 63.
Boulevard Voltaire, 43.
Rue du Temple, 201.
Boulevard Saint-Denis, 10.
Avenue de Villiers, 69.
Boulevard Magenta, 81.
Avenue Kléber, 108.
Place Clichy, 16.
Boulevard Haussmann, 53.
Rue du Faub.-St-Honoré, 152.
Boulevard Saint-Germain, 58.
Boulevard Saint-Michel, 20.

Rue de Rennes, 66.
Boulevard Saint-Germain, 205.
Avenue des Gobelins, 14.
Rue de Flandre, 30.
Rue de Passy, 64.
Rue La Fontaine, 122.
Avenue des Ternes, 37.
Boulevard de Bercy, 1.
Avenue des Champs-Elysées, 55.
Rue Lafayette, 50.
Avenue d'Orléans, 19.
Place Victor-Hugo, 7.
Boulevard Haussmann, 132.
Rue Saint-Antoine, 62.
Rue Royale, 14.
Rue Lecourbe, 2.
Boulevard de Courcelles, 5.
Boulevard Voltaire, 113.
Boulevard Barbès, 5.

NEUILLY-SUR-SEINE, avenue de Neuilly, 26.

SAINT-DENIS, rue de Paris, 52.

BOULOGNE-SUR-SEINE, boulevard de Strasbourg, 1.

CRÉDIT LYONNAIS

AGENCES EN FRANCE ET EN ALGÉRIE

Abbeville.	Cette.	Lisieux.	Rochelle (La).
Agen.	Chalon-s.-Saône.	Lunel.	Romans.
Aix-en-Provence	Chambéry.	Lunéville.	Roubaix.
Aix-les-Bains.	Charleville.	Mâcon.	Rouen
Alais.	Chartres.	Mans (Le).	Saint-Chamond.
Alger (Algérie).	Châtellerault.	Marseille.	Saint-Denis.
Amiens.	Châtillon-sur-	Maubeuge.	Saint-Dié.
Angers.	Seine.	Mazamet.	Saint-Dizier.
Angoulême.	Cherbourg.	Menton.	Saint-Etienne.
Annecy.	Cholet.	Montauban.	St-Germ.-en-Laye
Annonay.	Clerm.-Ferrand.	Montbéliard.	Saint-Omer.
Antibes.	Cognac.	Monte-Carlo (Ter-	Saint-Quentin.
Armentières.	Compiègne.	ritoire francais).	Saintes.
Arras.	Condom.	Montélimar.	Salon.
Auxerre.	Constantine (Alg.)	Montluçon.	Sedan.
Avignon.	Creusot (Le).	Montpellier.	Sens.
Bar-le-Duc.	Dijon.	Moulins.	Sidi-Bel-Abbès(Alg.)
Bayonne.	Douai.	Nancy.	Tarare.
Beaucaire.	Draguignan.	Nantes.	Thiers.
Beaune.	Dunkerque.	Narbonne.	Thizy.
Belfort.	Elbeuf.	Nevers.	Toulon.
Belleville-s-Saône	Epernay.	Nice.	Toulouse.
Besançon.	Epinal.	Nîmes.	Tourcoing.
Béziers.	Fécamp.	Niort.	Tours.
Biarritz.	Flers.	Nogent-le-Rotrou	Troyes.
Blois.	Fougères.	Oran (Algérie).	Valence.
Bône (Algérie).	Grasse.	Orléans.	Valenciennes.
Bordeaux.	Gray.	Pau.	Vallauris.
Boulogne-sur-S.	Grenoble.	Périgueux.	Verdun.
Bourg.	Hyères.	Perpignan.	Versailles
Bourges.	Havre (Le).	Philippeville(Alg.)	Vesoul.
Caen.	Issoire.	Poitiers.	Vichy.
Calais-St-Pierre.	Jarnac.	Reims.	Vienne (Isère).
Cambrai.	Laon.	Remiremont.	Vierzon.
Cannes.	Laval.	Rennes.	Villefranche-sur-Seine.
Carcassonne.	Libourne.	Rethel.	Villeneuve-sur-Lot.
Carpentras.	Lille.	Rive-de-Gier.	Vitry-le-François
Caudry.	Limoges.	Roanne.	Voiron.

AGENCES A L'ÉTRANGER

Alexandrie(Égypte)	Constantinople.	Moscou.	Smyrne.
Barcelone.	Genève.	Odessa.	Jérusalem.
Bruxelles.	Londres.	Port-Saïd.	Valence (Espagne).
Caire (Le).	Madrid.	St-Pétersbourg.	Saint-Sébastien.

Le **Crédit Lyonnais** fait toutes les opérations d'une maison de banque : dépôts d'argent remboursables à vue et à échéance ; dépôts de titres ; encaissements de coupons ; ordres de Bourse ; souscriptions ; escompte de papier de commerce sur la France et l'étranger ; chèques et lettres de crédit sur tous pays ; prêts sur titres français et étrangers ; achat et vente de monnaies, matières et billets étrangers.

Service spécial de location de **COFFRES-FORTS** dans des conditions présentant toute garantie contre les risques d'incendie et de vol (compartiments depuis 5 francs par mois).

LE FIGARO

Six Pages tous les jours

DIRECTEUR :

GASTON CALMETTE

∴ INFORMATIONS ⚜

LE FIGARO est outillé de manière à fournir sur chaque événement important, en France et à l'Etranger, l'information la plus rapide, la plus complète, la plus sûre. Il a, depuis sa nouvelle direction, un service spécial de dépêches de la dernière heure qui lui sont envoyées de toutes les grandes capitales.

Ouvert à tous les partis, journal indépendant, frondeur, **le Figaro** est devenu la tribune la plus libre et la plus retentissante.

C'est le journal le plus répandu dans le monde entier.

CHAQUE LUNDI	*CHAQUE JEUDI*

Un Dessin d'Actualité

CARAN D'ACHE, SEM & CAPPIELLO

UNE PAGE DE MUSIQUE INÉDITE

TOUS LES SAMEDIS

Five o'Clock

Pendant la saison d'hiver, **le Figaro** donne, dans son hôtel, des concerts auxquels sont invités, à tour de rôle, ses abonnés. Les abonnés des départements et de l'étranger, de passage à Paris, reçoivent aussi des invitations sur leur demande.

PUBLICITÉ

Les services de Publicité liée à la Rédaction sont installés dans l'hôtel du **Figaro**, 26, rue Drouot. La publicité du **Figaro** est la plus recherchée.

ABONNEMENTS

	PARIS ET SEINE-ET-OISE	DÉPARTEM^{ts}	ÉTRANGER
Un an . . .	60 fr.	75 »	86 »
6 mois. . .	30 fr.	37 50	43 »
3 mois. . .	15 fr.	18 75	21 50

Douzième Année — Huit pages — Paris et Dép^u — Cinq centimes.

LE JOURNAL

FERNAND XAU, *Fondateur*

Quotidien, Littéraire, Artistique et Politique

100, RUE RICHELIEU, 100

DIRECTEUR : **HENRI LETELLIER**

ABONNEMENTS		Un an.	Six mois.	Trois mois
	PARIS, SEINE et SEINE-ET-OISE.	20 fr.	10 fr. 50	5 fr. 50
	DÉPARTEMENTS ET ALGÉRIE.	24 fr.	12 fr. »	6 fr. »
	ETRANGER (UNION POSTALE).	35 fr.	18 fr. »	10 fr. »

LE JOURNAL paraît tous les jours sur HUIT PAGES AU MOINS.

Le JOURNAL a pris, en 1900, un développement considérable, grâce aux efforts quotidiens qu'il fait pour être agréable à ses lecteurs.

Il a suivi la vie politique intérieure et extérieure avec un soin qui lui a valu, de la part du public, les témoignages et les encouragements les plus flatteurs. A l'intérieur, ses informations puisées aux sources les plus sûres ont mis le JOURNAL au premier rang des journaux parisiens.

SA RÉDACTION

La rédaction littéraire du JOURNAL est, sans contredit, la plus brillante des journaux parisiens. Qu'on en juge par l'énumération que voici de ses principaux collaborateurs :

Paul Bourget.	René Maizeroy.	J. de Bonnefon.	Georges Auriol.
André Theuriet.	Jean Lorrain.	Raoul Ponchon.	Tristan Bernard.
Catulle Mendès.	Emile Faguet.	G. d'Esparbès.	Franc Nohain.
Jean Richepin.	Edm. Haraucourt.	Courteline.	Jules Ranson.
Jules Claretie.	Richard O'Monroy.	Jules Renard.	Ludovic Naudeau.
Pierre Baudin.	Francis Chevassu.	Alphonse Allais.	Georges Charlet.
Montjoyeux.	Armand Charpentier	A. Roguenant.	Camille Duguet.
Lucien Descaves.	Jean Goudezky.	Myriam Harry.	Caran d'Ache.
Hugues Le Roux.	Paul Adam.	Rod. Darsens.	Forain, Sem.

Alexis Lauze, secrétaire de la rédaction.

Critique dramatique, Catulle Mendès ; *les Echos*, Joinville ; *la Chambre*, H. Valoys ; *le Sénat*, G. de Lilliers ; *les Tribunaux*, Mme Huvlin et Marréaux-Delavigne ; *le Conseil municipal*, E. Le Roy ; *l'Escrime*, Emile André ; *les Courses*, Laurentz ; *Courrier théâtral*, Crispin.

SES PERFECTIONNEMENTS

Le JOURNAL devait, en raison de son développement, avoir une installation plus étendue et plus en rapport avec la multiplicité de ses services.

Le 15 octobre 1896, le JOURNAL s'est installé dans l'ancien hôtel Lemardelay, 100, rue de Richelieu. Il est composé sur des machines linotypes et s'imprime lui-même sur dix machines rotatives à grande vitesse.

Cet hôtel, qui comprend trois corps de bâtiments, de cinq étages chacun, en fait l'installation la plus vaste et aussi la plus somptueuse de Paris, en tant que journal.

SA PUBLICITÉ

La publicité du JOURNAL est justement des plus recherchées. Ses Petites Annonces ont eu, par exemple, un succès sans précédent.

Voici comment s'établit son tarif de publicité :

TARIF DES ANNONCES-RÉCLAMES

	La ligne.		La ligne.
Echos 1re page	30 fr. »	Faits divers	12 fr. »
Entrefilets 2e page	20 fr. »	Réclames 5e page	9 fr. »
— 8e page	15 fr. »	Annonces	4 fr. »
— 4e page	15 fr. »	Petites Annonces (mercr. et sam.)	1 fr. 75

CHEMINS DE FER
PARIS-LYON-MÉDITERRANÉE

FÊTES DE NICE

A l'occasion : 1º des *Fêtes de Noël et du Jour de l'An;* 2º *des Courses de Nice;*
3º *du Carnaval de Nice, des*

BILLETS D'ALLER ET RETOUR DE 1re ET 2e CLASSES

sont délivrés du 15 décembre au 15 février et du 22 février au 14 avril 1903 pour
Cannes, Nice, Menton, par les gares désignées ci-après :
**Paris, Belfort, Vesoul, Besançon, Gray, Nevers, Is-sur-Tille, Dijon,
Genève, Clermont-Ferrand, Saint-Étienne, Lyon, Grenoble, Valence,
Avignon, Cette, Nîmes.**
Les prix de ces billets sont annoncés au public par des affiches, quelques jours à l'avance.
La *validité* desdits billets est de 20 *jours,* y compris le jour de l'émission, avec faculté
de prolongation de deux périodes de 10 jours, moyennant payement, pour chaque
période, d'un supplément de 10 0/0.
Les voyageurs peuvent s'arrêter, tant à l'aller qu'au retour, à deux gares de leur choix,
à condition de faire viser leur billet dès l'arrivée à la gare d'arrêt.

STATIONS HIVERNALES
BILLETS D'ALLER ET RETOUR COLLECTIFS

Il est délivré, du 15 *octobre au* 15 *mai,* dans toutes les gares du réseau P.-L.-M., sous
condition d'effectuer un parcours simple minimum de 150 kilomètres, aux familles d'au
moins trois personnes voyageant ensemble, des billets d'aller et retour collectifs de 1re,
2e et 3e classes, pour les stations hivernales suivantes : **Hyères** et toutes les gares situées
entre **Saint-Raphaël-Valescure, Grasse, Nice** et **Menton** inclusivement.
Le prix s'obtient en ajoutant au prix de quatre billets simples ordinaires (pour les 2 premières personnes) le prix d'un billet simple pour la 3e personne, la moitié de ce prix
pour la 4e et chacune des suivantes.
Validité : 33 jours, avec faculté de prolongation.
Arrêts facultatifs. Faire la demande de billets 4 jours au moins à l'avance à la gare où
le voyage doit être commencé.

AVIS IMPORTANT

Les renseignements les plus complets sur les *Voyages circulaires* (prix, conditions
et itinéraires), ainsi que sur les *billets simples* et *d'aller et retour, cartes d'abonnement, relations internationales, horaires,* etc., sont renfermés dans le **Livret-Guide-
Horaire P.-L.-M.,** mis en vente au prix de **50 centimes** dans toutes les gares,
les bureaux de ville et les bibliothèques des gares de la Compagnie. Cette publica-
tion contient, avec de nombreuses illustrations, la description des contrées desservies par
le réseau.
La Compagnie P.-L.-M. met à la disposition du public, dans les principales gares, au
prix de 25 centimes l'exemplaire :
1º La Carte-Itinéraire de Marseille à Vintimille, avec notes historiques,
géographiques, etc., sur les localités situées sur le parcours ;
2º Les plaquettes illustrées désignées ci-après, décrivant les régions
es plus intéressantes desservies par le réseau P.-L.-M.
a) Réseau P.-L.-M.-Suisse-Italie (éditée en langues française, anglaise et allemande).
b) Monuments romains et Villes du moyen âge du réseau **P.-L.-M.**
(éditée en langues française, anglaise et allemande).
c) Chamonix-Mont Blanc (éditée en langues française, anglaise et allemande).
d) Savoie-Suisse (éditée en langues française, anglaise et allemande).
e) Littoral de la Méditerranée (éditée en langues française et anglaise).
f) Saison thermale (éditée en langue française).
L'envoi de ces documents est fait par la poste sur demande adressée au **Service
central de l'Exploitation,** 20, boulevard Diderot, à Paris (XIIe arr.), et accompagné de **25 centimes** en timbres-poste pour le **Livret-Guide-Horaire P.-L.-M.** ou
de **35 centimes** en timbres-poste pour chacune des autres publications énumérées
ci-dessus.

CHEMINS DE FER PARIS-LYON-MÉDITERRANÉE (Suite)

RELATIONS DIRECTES ENTRE PARIS ET L'ITALIE
(VIA MONT CENIS)

Billets d'aller et retour de PARIS à TURIN, à MILAN, à GÊNES et à VENISE
(Via Dijon, Mâcon, Aix-les-Bains, Modane)

Prix des Billets

	1re cl.	2e cl.	
Turin.	148 fr. 10 ;	106 fr. 45	
Milan. —	166 fr. 55 ; —	121 fr. 70	*Validité :*
Gênes. —	168 fr. 40 ; —	120 fr. 05	
Venise. —	218 fr. 95 ; —	155 fr. 80	**30 jours**
Rome. —	266 fr. 70 ; —	189 fr. 40	*Val.:* 45 jours

Ces billets sont délivrés toute l'année à la gare de Paris-Lyon et dans les bureaux succursales.

La validité des billets d'aller et retour **Paris-Turin** est portée gratuitement à 60 jours, lorsque les voyageurs justifient avoir pris, à Turin, un billet de voyage circulaire intérieur italien.

D'autre part, la durée de validité des billets d'aller et retour **Paris-Turin et Paris-Rome** peut être prolongée moyennant le payement d'un supplément égal à 10 0/0 du prix du billet.

Arrêts facultatifs à toutes les gares du parcours.

FRANCHISE DE 30 KILOGRAMMES DE BAGAGES SUR LE PARCOURS P.-L.-M

BILLETS D'ALLER ET RETOUR
DE PARIS A BERNE ET A INTERLAKEN
(Via Dijon, Pontarlier, Les Verrières, Neuchâtel) *ou réciproquement.*
DE PARIS A ZERMATT (Mont-Rose)
(Via Dijon, Pontarlier, Lausanne) *sans réciprocité.*
PRIX DES BILLETS

De Paris à	1re cl.	2e cl.	3e cl.
Berne	98 fr.;	73 fr.;	49 fr.
Interlaken .... —	110 fr.; —	82 fr.; —	55 fr.
Zermatt (Mt-Rose). —	140 fr.; —	108 fr.; —	71 fr.

Valables 60 jours, avec arrêts facultatifs sur tout le parcours.

Franchise de 30 kilogs de bagages sur le parcours P.-L.-M.

EN ÉTÉ, TRAJET RAPIDE DE PARIS A BERNE ET A INTERLAKEN
SANS CHANGEMENT DE VOITURE EN 1re ET 2e CLASSES

Les billets d'aller et retour de **Paris à Berne** et à **Interlaken** sont délivrés du 1er avril au 15 octobre; ceux de Zermatt, du 15 mai au 30 sept.

VOYAGES INTERNATIONAUX AVEC ITINÉRAIRES FACULTATIFS

Il est délivré toute l'année, dans toutes les gares du réseau P.-L.-M., des **Livrets de Voyages** internationaux avec itinéraires établis au gré des voyageurs sur les réseaux français de **P.-L.-M.**, de l'Est, du Nord et de l'Ouest, et sur les chemins de fer *allemands, austro-hongrois, belges, bosniaques et herzégoviniens, bulgares, danois, finlandais, luxembourgeois, néerlandais, norvégiens, roumains, serbes, suédois, suisses et turcs.* Ces voyages, qui peuvent comprendre certains parcours par bateaux à vapeur ou par voitures, doivent, lorsqu'ils sont commencés en France, comporter obligatoirement des parcours étrangers.

Parcours minimum : **600** kilomètres. Validité : **45** jours jusqu'à 2 000 kilomètres, 60 jours au-dessus de 2 000 kilomètres.

Arrêts facultatifs.

Les demandes de livrets internationaux sont satisfaites le jour même, lorsqu'elles arrivent à Paris ou à Nice 6 heures avant l'heure réglementaire de fermeture du bureau d'émission. Pour toutes les autres gares, les demandes doivent être faites 4 jours à l'avance.

CHEMINS DE FER PARIS-LYON-MÉDITERRANÉE (Suite)

VILLES D'EAUX
DESSERVIES PAR LE RÉSEAU P.-L.-M.

1° Billets d'aller et retour collectifs.

Il est délivré, du **15 mai** au **15 septembre**, dans toutes les gares du réseau P.-L.-M., sous condition d'effectuer un parcours simple minimum de 150 kilomètres, aux familles d'au moins trois personnes voyageant ensemble, des billets d'aller et retour collectifs de 1re, 2e et 3e classes, *valables 33 jours*, pour les stations thermales suivantes :

Aix, Aix-les-Bains, Baume-les-Dames, Besançon, Bourbon-Lancy, Carpentras, Cette, Chambéry, Charbonnières, **Clermont-Ferrand** (Royat), Coudes, Die (Le Martouret, Sallières-les-Bains), Digne, Divonne-les-Bains, Euzet-les-Bains, Evian-les-Bains, Genève, Grenoble, Groisy-le-Plot-La Caille, La Bastide-Saint-Laurent-les-Bains, Le Fayet-Saint-Gervais, Le Luc et Le Cannet, Lépin-Lac-d'Aiguebelette, Le Vigan, Lons-le-Saunier, Manosque, Menthon (lac d'Annecy), Montélimar, Montpellier, Montrond, Moulins, Moutiers-Salins, Pontcharra-sur-Bréda, Pougues, Rémilly, **Riom** (Châtel-Guyon), Roanne, Sail-sous-Couzan, Saint-Georges-de-Commiers, Saint-Julien-de-Cassagnas, Saint-Martin-Sail-les-Bains, Salins, Santenay, Sarrians-Montmirail, Sauve, Thonon-les-Bains, Vals-les-Bains-la-Bégude, Vandenesse-Saint-Honoré-les-Bains, **Vichy**, Villefort.

Le prix des billets s'obtient en ajoutant au prix de quatre billets simples ordinaires (pour les deux premières personnes) le prix d'un billet simple pour la troisième personne; la moitié de ce prix pour la quatrième et chacune des suivantes. **Arrêts facultatifs.** Faire la demande de billets 4 jours avant le départ à la gare où le voyage doit être commencé.

2° Billets d'aller et retour individuels.

Il est délivré, du 15 mai au 30 septembre, dans toutes les gares du réseau, des billets d'aller et retour de 1re, 2e et 3e classes comportant une réduction de 25 0/0 en 1re classe, et de 20 0/0 en 2e et 3e classes, pour les stations dénommées ci-dessus.— Validité **10 jours**, avec faculté de prolongation. *Arrêts facultatifs.*

VOYAGES CIRCULAIRES A ITINÉRAIRES FACULTATIFS
Sur le Réseau P.-L.-M.

Il est délivré, toute l'année, dans toutes les gares du réseau P.-L.M. des carnets individuels ou de famille, pour effectuer sur ce réseau, en 1re, 2e et 3e classes, des voyages circulaires à itinéraire tracé par les voyageurs eux-mêmes, avec parcours totaux d'au moins 300 kilomètres. Les prix de ces carnets comportent des **réductions très importantes** qui peuvent atteindre, pour les carnets de famille, 50 0/0 du Tarif général.

La **validité** de ces carnets est de 30 **jours** jusqu'à 1 500 kilomètres; **45 jours** de 1 501 à 3 000 kilomètres; **60 jours** pour plus de 3000 kilomètres.
Faculté de prolongation. — **Arrêts facultatifs.**

Pour se procurer un carnet individuel ou de famille, il suffit de tracer sur une carte, qui est délivrée gratuitement dans les gares P.-L.-M., bureaux de ville, et agences de la Compagnie, le voyage à effectuer, et d'envoyer cette carte 5 jours avant le départ, à la gare où le voyage doit être commencé, en joignant à cet envoi une provision de 10 francs.

Le délai de demande est réduit à 2 jours (dimanches et fêtes non compris) pour certaines grandes gares.

EXCURSIONS EN DAUPHINÉ

La Compagnie P.-L.-M. offre aux touristes et aux familles qui désirent se rendre dans le Dauphiné, vers lequel les voyageurs se portent de plus en plus nombreux chaque année, diverses combinaisons de voyages circulaires à itinéraires fixes ou facultatifs, permettant de visiter, à des prix réduits, les parties les plus intéressantes de cette admirable région : La **Grande-Chartreuse**, les **Gorges de la Bourne**, les **Grands-Goulets**, les **Massifs d'Allevard** et des **Sept-Laux**, la **Route de Briançon** et les **Massifs du Pelvoux**, etc. — Consulter le *Livret-Guide-Horaire P.-L.-M.*

CHEMIN DE FER D'ORLÉANS

BAINS DE MER DE L'OCÉAN
BILLETS D'ALLER ET RETOUR A PRIX RÉDUITS
VALABLES PENDANT 33 JOURS (*Non compris le jour du départ*).
Tarif G. V. n° 6 (Orléans)

Pendant la saison des Bains de mer, du **samedi, veille de la fête des Rameaux**, au **31 octobre**, il est délivré, à toutes les gares du réseau, des BILLETS ALLER ET RETOUR de toutes classes, à **prix réduits,** pour les stations linéaires ci-après : **Saint-Nazaire.—Pornichet** (Sainte-Marguerite).—**Escoublacla-Baule. — Le Pouliguen. — Batz. — Le Croisic. — Guérande.— Vannes** (Port-Navalo, Saint-Gildas-de-Ruiz). — **Plouharnel-Carnac. — Saint-Pierre-Quiberon. — Quiberon. — Le Palais** (Belle-Isle-en-Mer). — **Lorient** (Port-Louis, Larmor).—**Quimperlé** (Le Pouldu).—**Concarneau.— Quimper** (Benodet, Beg-Meil, Fouesnant). — **Pont-l'Abbé** (Langoz, Loctudy) — **Douarnenez.** — **Châteaulin** (Pentrey, Crozon, Morgat).

HOTELS DE LA COMPAGNIE D'ORLÉANS à VIC-SUR-CÈRE et au LIORAN (Cantal)

Ouverts du 1er juin au 5 octobre pour Vic-sur-Cère et du 1er juin au 15 octobre pour le Lioran.

L'hôtel de Vic est au milieu d'un parc clos et boisé, de six hectares, à côté d'une forêt.— Altitude 750 mètres au-dessus du niveau de la mer. — Voisin de l'Établissement hydrothérapique et de la source minérale. — Distribution à tous les étages d'eau potable reconnue de pureté exceptionnelle par l'Institut Pasteur. — Splendide vue sur la vallée de la Cère et sur la montagne. — Jeu de lawn-tennis. — Télégraphe à la station et à la ville. — Location de voitures pour excursions. — La ville de Vic-sur-Cère, chef-lieu de canton, compte 1 700 habitants. — Église.

Un hôtel un peu plus petit, mais aussi confortable, est établi tout près de la station du Lioran, au milieu d'une forêt de sapins et de hêtres ; c'est un point tout indiqué pour une cure d'air et d'altitude (1 150 mètres) ; une grande route nationale parfaitement entretenue passe devant l'hôtel.

Le Lioran est le centre de toute une série d'excursions et d'ascensions d'accès facile et qui peuvent être faites en une journée, aller et retour.

BILLETS D'ALLER ET RETOUR DE FAMILLE

Pour les stations thermales de Chamblet-Néris (**NÉRIS-LES-BAINS**) ÉVAUX-LES-BAINS. Moulins (**BOURBON-L'ARCHAMBAULT**), Saint-Gervais-Chateauneuf (**CHATEAUNEUF-LES-BAINS**), **LA BOURBOULE, LE MONT-DORE, ROYAT,** Rocamadour (**MIERS**), **VIC-SUR-CÈRE,** Le Lioran — *Tarif G. V. n° 6* (*Orléans*).

Réduction de **50 0/0** *pour chaque membre de la famille en plus du deuxième.*

Il est délivré, du **15 mai** au **15 septembre**, aux familles d'au moins trois personnes payant place entière et voyageant ensemble, des *Billets d'aller et retour de famille* en 1re, 2e et 3e classes au départ de toutes les gares du réseau, pour les stations ci-dessus indiquées distantes d'au moins 125 kilomètres de la gare de départ.

Il peut être délivré au chef de famille titulaire d'un Billet de famille et en même temps que ce billet **une carte d'identité**, sur la présentation de laquelle il sera admis à voyager isolément à moitié prix du Tarif général, pendant la durée de la villégiature de la famille, entre le lieu de départ et le lieu de destination mentionnés sur le billet.

Exceptionnellement, le chef de famille peut être autorisé à revenir seul à son point de départ, à la condition d'en faire la demande en même temps que celle du billet. Dans ce cas, il lui est délivré un coupon spécial pour son voyage de retour, lequel doit être signé du titulaire avant usage.

La durée de validité des billets à compter du jour du départ, ce jour non compris, est de 30 jours Cette durée peut être prolongée une ou plusieurs fois d'une période de 15 jours, moyennant supplément

BILLETS D'ALLER ET RETOUR DE FAMILLE

Pour les stations thermales et hivernales des Pyrénées et du golfe de Gascogne, Arcachon, Biarritz, Dax, Pau, Salies-de-Béarn. etc.— Tarif spécial G. V. n° 10G (Orléans)

Des Billets aller et retour de famille, de 1re, 2e et 3e classes, sont délivrés, toute l'année, à toutes les stations d'Orléans, pour :

Agde (le Grau), **Alet, Amélie-les-Bains, Arcachon, Argelés-Gazost, Argelés-sur-Mer,** Arles-sur-Tech (La Preste), **Arreau-Cadéac** (Vieille-Aure), **Ax-les-Thermes, Bagnéres-de-Bigorre, Bagnéres-de-Luchon, Balaruc-les-Bains, Banyuls-sur-Mer, Barbotan, Biarritz, Boulou-Perthus** (Le), **Cambo-les-Bains.** Capvern, **Cauterets, Collioure,** Couiza-**Montazels** (Rennes-les-Bains), **Dax, Espéraza** (Campagne-les-Bains), Gamarde, **Grenade-sur-l'Adour** (Eugénie-les-Bains), **Guéthary** (halte), **Gujan-Mestras. Hendaye, Labenne** (Capbreton), **Labouheyre** (Mimizan), **Laluque** (Préchacq-les-Bains). **Lamalou-les-Bains, Laruns-Eaux-Bonnes** (Eaux-Chaudes), **Leucate** (la Franqui), **Lourdes, Loures-Barbazan, Luz-St-Sauveur** (Barèges, St-Sauveur), **Marignac-St-Béat** (Lez, Val d'Aran), **Nouvelle** (La), **Oloron-Sainte-Marie** (St-Christau), **Pau, Pierrefitte-Nestalas, Port-Vendres, Prades** (Molitz), **Quillan** (Ginoles, Carcanières. Escouloubre, Usson-les-Bains), **St-Flour** (Chaudesaigues), **Saint-Gaudens** (Encausse, Ganties), **Saint-Girons** (Audinac, Aulus), **Saint-Jean-de-Luz, Saléchan** (Ste-Marie, Siradan), **Salies-de-Béarn, Salies-du-Salat, Ussat-les-Bains** et **Villefranche-de-Confient** (Le Vernet, Thuès, Les Escaldas, Graüs-de-Canaveilles)

Avec les réductions suivantes, calculées sur les prix du Tarif général d'après la distance parcourue, sous réserve que cette distance, aller et retour compris, sera d'au moins 300 kilomètres
Pour une famille de 2 pers. : **20 0/0** ; 3 pers. : **25 0/0** ; 4 pers.. **30 0/0**, 5 pers.. **35 0/0** ; 6 pers. ou plus: **40 0/0**

DURÉE DE VALIDITÉ : 33 JOURS (*Non compris les jours de départ et d'arrivée.*)

CHEMINS DE FER DU MIDI

VOYAGES CIRCULAIRES
PARIS — CENTRE DE LA FRANCE — PYRÉNÉES

3 voyages différents au choix du voyageur. — Billets délivrés toute l'année aux prix uniformes ci-après pour les 3 itinéraires : 1re cl., 163 fr. 50. — 2e cl., 122 fr. 50. — Durée : 30 jours, non compris celui du départ.

Faculté de prolongation moyennant supplément de 10 0/0.

VOYAGES CIRCULAIRES A PRIX RÉDUITS
EN PROVENCE ET AUX PYRÉNÉES

PRIX
- 1er, 2e et 3e parcours. . . . 68 fr. en 1re cl. ; 51 fr. en 2e cl.
- 4e, 5e, 6e et 7e parcours . . 91 fr. — 68 fr. —
- 8e parcours . . . . 114 fr. — 87 fr. —

Le 8e parcours peut, au moyen de billets spéciaux d'aller et retour à prix réduits de ou pour Marseille, s'étendre de Marseille sur le littoral jusqu'à Hyères, Cannes, Nice ou Menton, etc., au choix du voyageur.

Durée : 20 jours pour les 7 premiers parcours et 25 jours pour le 8e.

Faculté de prolongation moyennant supplément de 10 0/0.

BILLETS D'ALLER ET RETOUR INDIVIDUELS
POUR LES STATIONS THERMALES ET BALNÉAIRES DES PYRÉNÉES

Billets délivrés toute l'année avec réduction de 25 0/0 en 1re classe et 20 0/0 en 2e et 3e classes dans les gares des réseaux du Nord (Paris-Nord excepté), de l'Etat, d'Orléans et dans les gares du Midi situées à 50 kilomètres au moins de la destination. — Durée : 33 jours, non compris les jours de départ et d'arrivée.

Faculté de prolongation moyennant supplément de 10 0/0.

Ces billets doivent être demandés 3 jours à l'avance à la gare de départ.

Un arrêt facultatif est autorisé à l'aller et au retour pour tout parcours de plus de 400 kilomètres, et 2 arrêts pour les parcours supérieurs à 700 kilomètres.

BILLETS DE FAMILLE
POUR LES STATIONS THERMALES ET BALNÉAIRES DES PYRÉNÉES

Billets délivrés toute l'année dans les gares des réseaux du Nord (Paris-Nord excepté), de l'Etat, d'Orléans, du Midi et Paris-Lyon-Méditerranée, suivant l'itinéraire choisi par le voyageur, et avec les réductions suivantes sur les prix du tarif général pour un parcours (aller et retour compris) d'au moins 300 kilomètres. — Pour une famille de deux personnes, 20 0/0 ; de trois, 25 0/0 ; de quatre, 30 0/0 ; de cinq, 35 0/0 ; de six ou plus, 40 0/0.

Exceptionnellement, pour les parcours empruntant le réseau de Paris-Lyon-Méditerranée, les billets ne sont délivrés qu'aux familles d'au moins quatre personnes, et le prix s'obtient en ajoutant au prix de six billets simples ordinaires le prix d'un de ces billets pour chaque membre de la famille en plus de trois.

Arrêts facultatifs sur tous les points du parcours désignés sur la demande.

Durée : 33 jours, non compris les jours de départ et d'arrivée.

Faculté de prolongation moyennant supplément de 10 0/0.

Ces billets doivent être demandés au moins 4 jours à l'avance à la gare de départ.

AVIS. — *Un livret indiquant en détail les conditions dans lesquelles peuvent être effectués les divers voyages d'excursions, de famille, etc., sera envoyé gratuitement à toute personne qui fera parvenir au service commercial de la Compagnie, boulevard Haussmann, 54, à Paris (IXe arr.), le montant de l'affranchissement dudit livret, soit 25 centimes.*

BAINS DE MER
ET EAUX THERMALES
Billets d'Aller et Retour
A PRIX RÉDUITS
Délivrés jusqu'au 31 Octobre

DE PARIS AUX GARES SUIVANTES

	BILLETS de 4 jours (dimanches et fêtes non compris)		BILLETS de 10 jours (jour de la délivrance non compris)		BILLETS de 33 jours (jour de la délivrance non compris) [3]		
	1re cl.	2e cl.	1re cl.	2e cl.	1re cl.	2e cl.	3e cl.
	fr. c.	fr. c.	fr. c.	fr. c.	fr. c.	fr. c.	fr. c.
Dieppe — Pourville, Puys, Berneval.	26 »	17 50	30 10	20 30	»	»	»
Petit-Appeville (halte) — Pourville.	26 50	18 »	30 80	20 80	»	»	»
Ouville-la-Rivière — Quiberville.	28 50	19 »	32 80	22 15	»	»	»
Touffreville-Criel.	29 »	19 50	34 10	22 95	»	»	»
Eu — Bois-de-Cise, Le Bourg-d'Ault, Onival.	29 »	19 50	35 85	24 15	»	»	»
Le Tréport-Mers.	29 50	20 »	35 85	24 15	»	»	»
Saint-Valery-en-Caux — Veules.	29 »	19 50	35 85	24 15	»	»	»
Cany — Veulettes, Les Petites-Dalles, les Grandes-Dalles.	29 »	19 50	35 10	23 70	»	»	»
Fécamp — Grainval, Saint-Pierre-en-Port.	30 »	21 50	35 85	24 15	»	»	»
Froberville-Yport.	30 »	21 50	35 85	24 15	»	»	»
Les Loges-Vaucottes-sur-Mer — Vattetot-sur-Mer	30 »	22 »	35 85	24 15	»	»	»
Etretat — Bruneval.	30 »	22 »	36 05	24 35	»	»	»
Le Havre — Sainte-Adresse, Bruneval.	30 »	22 »	35 85	24 15	»	»	»
Caen.	30 »	22 »	37 45	25 25	»	»	»
Honfleur (via Lisieux).	30 »	22 »	38 55	24 65	»	»	»
Trouville-Deauville (via Lisieux) — Villerville.	30 »	21 50	35 85	24 15	»	»	»
Blonville (halte) (via Lisieux).	30 »	21 50	35 85	24 15	»	»	»
Villers-sur-Mer (via Lisieux).	30 »	22 »	35 90	24 20	»	»	»
Beuzeval-Houlgate (via Lisieux-Pont-l'Evêque ou via Mézidon).	33 »	23 »	37 30	25 20	»	»	»
Dives-Cabourg (via Lisieux-Pont-l'Evêque ou via Mézidon) — Le Home-Varaville.	33 »	23 »	37 80	25 50	»	»	»
Luc — Lion-sur-Mer. — Langrune. — Saint-Aubin.	34 »	25 »	41 45	28 25	»	»	»
Bernières—Courseulles, Ver-s.-Mer.	35 »	26 »	42 45	29 25	»	»	»
Bayeux — Arromanches, Port-en-Bessin, Saint-Laurent-sur-Mer, Asnelles.	36 »	26 »	42 20	28 50	»	»	»
Le Molay-Littry — Vierville-sur-Mer, St-Laurent-sur-Mer.	38 »	28 »	44 40	29 95	»	»	»
Isigny-sur-Mer — Grandcamp-les-Bains.	40 »	30 »	48 45	32 70	»	»	»
Montebourg. { Quinéville, Saint-Vaast-la-Hougue, Barfleur (parcours par le chemin départemental de Montebourg et Valognes à Barfleur, non compris dans le prix du billet).	45 »	32 50	52 50	35 50	»	»	»
Valognes. .	45 »	33 50	53 75	36 35			33 »
Cherbourg.	50 »	36 »	»	»			33 »
Coutances — Agon, Coutainville, Regnéville	45 »	33 50	53 50	36 10			33 »
Regnéville (via Folligny ou via Lison).	45 »	33 50	53 60	36 20			33 »
Montmartin-sur-Mer (via Folligny ou via Lison).	45 »	33 50	53 15	35 90	58 »	37 80	33 »
Denneville (halte).	50 »	33 50	53 95	36 40			33 »
Port-Bail.	50 »	34 »	54 60	36 80			33 »
Barneville (halte).	50 »	34 50	55 50	37 45			33 »
Carteret.	50 »	35 »	»	»			33 »
Granville — Donville, Saint-Pair, Bouillon-Jullonville.	45 »	32 »	51 45	34 70			»
Montviron-Sartilly — Carolles, Saint-Jean-le-Thomas.	45 »	31 50	50 45	34 10			»
La Gouesnière-Cancale.	»	»	»	»			33 »
Saint-Malo-Saint-Servan — Paramé, Rothéneuf.	»	»	»	»			33 »
Dinard — Saint-Enogat, Saint-Lunaire, Saint-Briac, Lancieux.	»	»	»	»			33 »
Plancoët — La Garde-Saint-Cast, Saint-Jacut-de-la-Mer.	»	»	»	»			33 »
Lamballe — Pléneuf, Le Val-André, Erquy.	»	»	»	»	57 50	38 85	33 »
Saint-Brieuc — Binic, Etables, Portrieux, Saint-Quay.	»	»	»	»	60 20	40 65	33 »
Plounérin — Saint-Efflam-en-Plestin.	»	»	»	»	68 95	46 55	33 »
Lannion — Perros-Guirec, Trégastel-les-Grèves, Trébeurden.	»	»	»	»	70 »	47 25	33 »
Morlaix — Saint-Jean-du-Doigt, Plougasnou-Primel.	»	»	»	»	72 15	48 70	33 »
Landerneau — Brignogan.	»	»	»	»	77 55	52 35	34 15
Brest.	»	»	»	»	80 10	54 05	35 20
Paimpol.	»	»	»	»	69 20	46 70	33 »
Saint-Pol-de-Léon.	»	»	»	»	75 »	50 60	33 »
Roscoff — Ile de Batz.	»	»	»	»	75 95	51 25	33 40
Saint-Nazaire.	»	»	»	»	59 70	40 30	30 65
Ile de Jersey — Saint-Aubin, Sainte-Brelade, Saint-Clément, Saint-Hélier, Gorey.	»	»	»	»	»	»	»
EAUX THERMALES { [1]Forges-les-Eaux (Seine-Inférieure), ligne de Dieppe par Gournay.	18 »	12 »	»	»	»	»	»
{ [2]Bagnoles-Tessé-la-Madeleine, par Briouze.	36 »	24 »	38 90	26 25	»	»	»

1. La durée de validité des billets de 10 jours pour **Bagnoles** est exceptionnellement portée à 25 jours (jour de la délivrance non compris)

2. Les billets pour **Forges-les-Eaux** ne sont valables que 3 jours (dimanches et fêtes non compris).

3. Les billets de 33 jours peuvent être prolongés d'une ou de deux périodes de 30 jours, moyennant un supplément de 10 0/0 par période; ils donnent droit à un arrêt de 48 heures à l'aller et au retour à une gare quelconque de l'itinéraire suivi.

Les prix indiqués ci-dessus ne comprennent pas les services effectués, soit par services de correspondance, soit sur les lignes de Montebourg et Valognes à Barfleur

CHEMINS DE FER DE L'OUEST

Excursions sur les Côtes de Normandie, en Bretagne et à l'île de Jersey

BILLETS CIRCULAIRES valables pendant un mois (1) :

1re CLASSE **50** fr.   **1er ITINÉRAIRE**   **2e CLASSE** **40** fr.

Paris — Rouen — Le Havre par ch. de fer, ou Rouen — Le Havre par bateau — Fécamp — Étretat — Dieppe — Le Tréport — Paris.

1re CLASSE **50** fr.   **2e ITINÉRAIRE**   **2e CLASSE** **40** fr.

Paris — Rouen — Dieppe — Rouen — Fécamp — Étretat — Le Havre — Honfleur ou Trouville-Deauville — Caen — Évreux — Paris.

1re CLASSE **70** fr.   **3e ITINÉRAIRE**   **2e CLASSE** **55** fr.

Paris — Rouen — Dieppe — Rouen — Fécamp — Etretat — Le Havre — Honfleur ou Trouville-Deauville — Caen — Cherbourg — Evreux — Paris.

1re CLASSE **80** fr.   **4e ITINÉRAIRE**   **2e CLASSE** **60** fr.

Paris — Dreux — Granville — Le Mont-Saint-Michel — Saint-Malo-Saint-Servan (Paramé) — Dinard — Dinan (2) — Rennes — Vitré — Fougères — Le Mans — Chartres — Paris.

1re CLASSE **90** fr.   **5e ITINÉRAIRE**   **2e CLASSE** **70** fr.

Paris — Evreux — Caen — Cherbourg — Saint-Lô ou Carteret — Granville — Le Mont-Saint-Michel — Saint-Malo-Saint-Servan (Paramé) — Dinard — Dinan (2) — Rennes — Vitré — Fougères — Le Mans — Chartres — Paris.

1re CLASSE **90** fr.   **5 bis ITINÉRAIRE**   **2e CLASSE** **70** fr.

Paris — Rouen — Dieppe — Rouen — Fécamp — Etretat — Le Havre — Honfleur ou Trouville-Deauville — Cabourg — Caen — Cherbourg — Saint-Lô ou Carteret — Granville — Dreux — Paris.

1re CLASSE **105** fr.   **6e ITINÉRAIRE**   **2e CLASSE** **90** fr.

Paris — Rouen — Dieppe — Rouen — Fécamp — Etretat — Le Havre — Honfleur ou Trouville-Deauville — Caen — Cherbourg — Saint-Lô ou Carteret — Granville — Le Mont-Saint-Michel — Saint-Malo-Saint-Servan (Paramé) — Dinard — Dinan (2) — Rennes — Vitré — Fougères — Le Mans — Chartres — Paris.

1re CLASSE **105** fr.   **7e ITINÉRAIRE**   **2e CLASSE** **90** fr.

Paris — Dreux — Granville — Le Mont-Saint-Michel — Saint-Malo-Saint-Servan (Paramé) — Dinard — Dinan — Saint-Brieuc — Paimpol — Lannion — Morlaix — Carhaix — Roscoff — Brest — Rennes — Vitré — Fougères — Le Mans — Chartres — Paris.

1re CLASSE **115** fr.   **8e ITINÉRAIRE**   **2e CLASSE** **100** fr.

Paris — Évreux — Caen — Cherbourg — Saint-Lô ou Carteret — Granville — Le Mont-Saint-Michel — Saint-Malo-Saint-Servan (Paramé) — Dinard — Dinan — Saint-Brieuc — Paimpol — Lannion — Morlaix — Carhaix — Roscoff — Brest — Rennes — Vitré — Fougères — Le Mans — Chartres — Paris.

1re CLASSE **96** fr.   **9e ITINÉRAIRE**   **2e CLASSE** **71** fr.

Paris — Dreux — Granville — Jersey (St-Hélier) — Saint-Malo-Saint-Servan (Paramé) — Le Mont-Saint-Michel — Saint-Malo-Saint-Servan — Dinard — Dinan — Saint-Brieuc — Rennes — Vitré — Fougères — Le Mans — Chartres — Paris.

Le 10e itinéraire a pour point de départ Caen.

(1) La durée de ces billets peut être prolongée d'un mois, moyennant la perception d'un supplément de 10 p. 100, si la prolongation est demandée, aux principales gares dénommées aux itinéraires, pour un billet non périmé.

(2) Lamballe ou Saint-Brieuc moyennant supplément.

Le trajet entre Brest et Saint-Valery-en-Caux, Fécamp et Le Havre, par chemin de fer, prévu dans les itinéraires nos 2, 3, 6 et 7, peut être remplacé par celui de Rouen au Havre par bateau à vapeur, à la volonté des voyageurs.

CHEMINS DE FER DE L'OUEST ET DU LONDON BRIGHTON

PARIS A LONDRES par Rouen, Dieppe et Newhaven

SERVICES RAPIDES DE JOUR ET DE NUIT

Tous les jours (*y compris les dimanches et fêtes*) et toute l'année.

Départs de **PARIS** Saint-Lazare à 10 h. m. et 9 h. s. — Départs de **LONDRES** à 10 h. m. et 9 h. 40 s.

Billets simples, valables pendant 7 jours :			Billets d'aller et retour, valables 1 mois :		
1re CLASSE	2e CLASSE	3e CLASSE	1re CLASSE	2e CLASSE	3e CLASSE
43 fr. 25	32 fr. »	23 fr. 25	72 fr. 75	52 fr. 75	41 fr. 60

MM. les Voyageurs, effectuant DE JOUR la traversée de Dieppe à Newhaven, auront à payer une surtaxe de 5 fr. par billet simple et de 10 fr. par billet d'aller et retour en 1re classe ; de 3 fr. par billet simple et de 6 fr. par billet d'aller et retour en 2e classe.

NOTA. — Les trains du service de jour entre Paris et Dieppe (et vice versa) comportent des voitures de 1re classe et de 2e classe à couloir avec W.-C. et toilette ainsi qu'un wagon-restaurant ; ceux du service de nuit comportent des voitures à couloir des trois classes avec W.-C. et toilette.

La voiture de 1re classe à couloir des trains de nuit comporte des compartiments à couchettes (supplément de 5 fr. par place). Les couchettes peuvent être retenues à l'avance aux gares de Paris et de Dieppe moyennant une surtaxe de 1 fr. par couchette.

CHEMIN DE FER DU NORD

Paris à Londres

5 services rapides quotidiens dans chaque sens, *via* CALAIS ou BOULOGNE. — Durée du trajet :
6 heures 45. Traversée maritime en 1 heure. Voie la plus rapide.

Paris à Londres							Londres à Paris					
	1re, 2e, 3e cl.	1re, 2e classe	1re, 2e classe	1re, 2e, 3e cl.	1re, 2e classe	1re, 2e, 3e cl.		1re, 2e classe	1re, 2e, 3e cl.	1re, 2e classe	1re, 2e classe	1re, 2e, 3e cl.	1re, 2e, 3e cl.
	mat.	mat.	mat.	soir	soir	soir		mat.	mat.	mat.	soir	soir	soir
Paris-Nord, dép..	8 40	9 45	11 35	2 40	4 »	9 »	Londres, dép...	9 »	10 »	11 »	2 20	2 20	9 »
Londres, arr....	3 45 soir	4 50 soir	7 » soir	10 45 soir	10 45 soir	5 30 mat.	Paris-Nord, arr..	4 45 soir	6 5 soir	6 55 soir	9 15 soir	11 46 soir	5 50 mat.

Services officiels de la poste, *via* Calais, assurés chaque jour par 3 express ou rapides dans
chaque sens, partant respectivement de Paris-Nord à 8 h. 40 et 11 h. 35 du matin et 9 h. du soir.
Malle de l'Inde toutes les semaines à l'aller et au retour.
Péninsulaire-Express toutes les semaines de Londres à Brindisi par Calais et Modane.

PRIX DES BILLETS ENTRE PARIS ET LONDRES

DIRECTIONS	BILLETS SIMPLES valables pendant 7 jours (Droits de port compris)			BILLETS d'ALLER et RETOUR valables pendant 1 mois soit par Boulogne, soit par Calais (Droits de port compris)		
	1re classe	2e classe	3e classe	1re classe	2e classe	3e classe
Amiens, Boulogne, Folkestone....	62 fr. 50	43 fr. 35	28 fr. 35	118 fr. 45	86 fr. 05	49 fr. 90
Amiens, Calais, Douvres........	70 fr. 15	48 fr. 90	32 fr. »			
Amiens, Boulogne, Folkestone (exclusivement.................	»	»	»	109 fr. 85	78 fr. 80	46 fr. 70

Pour droit de timbre, 10 centimes pour les billets au-dessus de 10 francs.

Paris, Bruxelles et la Hollande

5 express dans chaque sens entre Paris et Bruxelles. Trajet en 4 heures 1/2. — 3 express dans chaque
sens entre Paris et Amsterdam. Trajet en 9 heures.

Paris vers Bruxelles et la Hollande							La Hollande et Bruxelles vers Paris					
	1re, 2e classe	1re, 2e classe	1re, 2e classe	1re classe	1re, 2e classe			1re classe	1re, 2e, 3e cl.	1re, 2e classe	1re, 2e classe	1re, 2e classe
	mat.		soir	soir	soir			mat.	mat.	mat.	soir	soir
Paris-Nord, dép....	8 25	mid 40	3 40	6 20	11 »		Amsterdam, dép....	»	»	8 28	mid 42	6 15
Bruxelles, arr......	mid 58	5 11	10 16	11 15	5 17		Bruxelles, dép.....	8 21	8 57	mid 59	6 14	min 10
Amsterdam, arr....	5 44 soir	10 16 soir	» soir	» soir	11 14 mat.		Paris-Nord, arr....	mid 50 soir	3 50 soir	5 42 soir	11 » soir	5 42 mat.

Paris, l'Allemagne et la Russie

5 express sur Cologne. Trajet en 8 heures. — 4 express sur Francfort-sur-Mein. Trajet en 12 heures.
4 express sur Berlin. Trajet en 18 heures. — Par le Nord-Express, trajet en 17 heures.
2 express sur Saint-Pétersbourg. Trajet en 51 heures.
Par le Nord-Express bihebdomadaire. Trajet en 46 heures.
2 express sur Moscou. Trajet en 62 heures.

Paris, le Danemark, la Suède et la Norvège

2 express sur Copenhague. Trajet en 28 heures. — 2 express sur Christiania. Trajet en 53 heures.
2 express sur Stockholm. Trajet en 43 heures.

Avis important. — Les renseignements ci-dessus sont ceux du service d'hiver 1902-1903,
prenant fin en mai. — A partir de cette époque, MM. les Voyageurs sont priés de consulter les
indicateurs spéciaux.

CHEMIN DE FER DU NORD

Saison des Bains de mer — Billets à prix réduits

Pendant la saison, de la voille de la fête des Rameaux au 31 octobre, *toutes les gares du Chemin de fer du Nord* délivrent des billets de Bains de mer de 1re, 2e et 3e classes à destination des stations balnéaires suivantes : BERCK (station du chemin de fer d'intérêt local) *via* Montreuil-sur-Mer ou *via* Rang-du-Fliers-Verton, BOULOGNE-VILLE ou TINTELLERIES (Le Portel), CALAIS-VILLE, CAYEUX (station du chemin de fer d'intérêt local) *via* Saint-Valery-sur-Somme, QUEND-FORT-MAHON (plages de Quend et de Fort-Mahon), CONCHIL-LE-TEMPLE (Fort-Mahon), DANNES-CAMIERS (plages Sainte-Cécile et Saint-Gabriel), DUNKERQUE (plages de Malo-les-Bains et Rosendaël), ETAPLES, Paris-Plage, (station du chemin de fer électrique) *via* Etaples, EU (plages du Bourg-d'Ault et d'Onival), GRAVELINES (Petit-Fort-Philippe), GHYVELDE (Bray-Dunes), LE CROTOY (station du chemin de fer d'intérêt local) *via* Noyelles, LEFFRINCKOUCKE (MALO-TERMINUS), LE TREPORT-MERS, LOON-PLAGE, MARQUISE-RINXENT (plage de Wissant), SAINT-VALERY-SUR-SOMME, WIMILLE-WIMEREUX (plages de Wimereux, Audresselles et Ambleteuse), WOINCOURT (plages du Bourg-d'Ault et d'Onival), ZUYDCOOTE (Nord-Plage).

Il existe trois catégories de billets (*), savoir :

1° **Billets de saison** de 1re, 2e et 3e classes, valables pendant 33 jours, non compris le jour de l'émission, avec facilité de prolongation pendant plusieurs périodes de 15 jours (1), sous condition d'effectuer un parcours minimum de 100 kil. aller et retour. Ces billets, créés pour les familles, sont *nominatifs* et *collectifs*. Il est accordé une *réduction de 50 0/0* à chaque membre de la famille en plus du troisième. Les billets dont il s'agit doivent être demandés au moins 4 jours à l'avance à la gare où le voyage doit être commencé.

2° **Billets hebdomadaires** et carnets d'aller et retour de 1re, 2e et 3e classes. Les billets hebdomadaires sont valables pendant 5 jours, du vendredi au mardi et de l'avant-veille au surlendemain des fêtes légales. Ces billets et carnets sont individuels. Les prix varient selon la distance et présentent des *réductions de 25 à 40 0/0*. Les carnets contiennent 5 billets d'aller et retour et peuvent être utilisés à une date quelconque dans le délai de 33 jours, non compris le jour de distribution.

3° **Billets d'excursion** de 2e et 3e classes, les dimanches et jours de fêtes légales, valables pendant une journée. Ces billets sont ou individuels, ou de famille. — Les prix réduits des billets individuels sont indiqués dans le tableau ci-dessous. — Pour les *familles* (ascendants et descendants), il est accordé une nouvelle réduction sur le prix des billets individuels d'excursion, allant de 5 à 25 0/0, selon que la famille se compose de 2, 3, 4, 5 personnes et plus.

Les billets de saison et les billets hebdomadaires sont valables dans les mêmes trains et aux mêmes conditions que les billets ordinaires du service intérieur.

Les billets d'excursion ne sont valables que dans des **trains spéciaux** *ou dans des* **trains du service ordinaire** *désignés à cet effet par la Compagnie.*

Cartes d'abonnement de 1re, 2e et 3e classes, valables pendant 33 jours, et comportant une réduction de 20 0/0 sur le prix des abonnements ordinaires d'un mois. Ces cartes ne sont délivrées qu'à toute personne qui prend deux billets ordinaires au moins ou un billet de saison pour les membres de sa famille ou domestiques, allant séjourner sous le même toit dans une station balnéaire désignée ci-dessus.

(*) Ces billets sont personnels et ne peuvent être vendus sous peine de poursuites judiciaires.

(1) Cette prolongation est faite, au retour, par les soins de la gare de départ, avant l'expiration de la première période, moyennant le supplément de 10 0/0 du prix total des billets.

Les prix au départ de Paris, pour les trois catégories, sont les suivants :

Prix des billets (2) de saison, hebdomadaires et d'excursion

DE PARIS AUX STATIONS BALNÉAIRES CI-DESSOUS	Billets de saison collectifs de famille VALABLES PENDANT 33 JOURS						BILLETS HEBDOMADAIRES Prix par personne (2)			BILLETS d'excursion Prix par personne (*)	
	Prix pour 3 personnes			Prix pour chaque personne en plus							
	1re cl.	2e cl.	3e cl.	1re cl.	2e cl.	3e cl.	1re cl.	2e cl.	3e cl.	2e cl.	3 cl.
Berck	149 40	101 40	66 30	25 60	17 45	11 45	31 »	24 15	17 »	11 15	7 35
Boulogne (ville)	170 70	115 20	75 »	28 45	19 20	12 50	34 »	25 70	18 90	11 10	7 30
Calais (ville)	198 30	133 80	87 30	33 05	22 30	14 55	37 90	29 »	21 85	12 35	8 10
Cayeux	137 55	93 60	61 20	24 »	16 45	10 80	29 30	23 05	15 95	11 »	7 25
Quend-Fort-Mahon . . .	137 70	93 »	60 60	22 95	15 50	10 10	28 30	22 15	15 45	9 60	6 25
Conchil-le-Temple . . .	140 40	94 80	61 80	23 40	15 80	10 30	28 80	22 50	15.75	9 75	6 35
Dannes-Camiers	157 20	106 20	69 30	26 20	17 70	11 55	31 70	24 40	17 50	10 50	6 85
Dunkerque	204 90	138 30	90 30	34 15	23 05	15 05	38 85	29 95	22 60	12 50	8 20
Etaples	152 40	102 90	67 20	25 40	17 15	11 20	30 90	23 95	17 »	10 35	6 75
Eu	120 90	81 60	53 10	20 15	13 60	8 85	25 40	20 10	13 70	8 85	5 75
Gravelines	204 90	138 30	90 30	34 15	23 05	15 05	38 95	29 95	22 60	12 50	8 20
Ghyvelde	213 »	143 70	93 60	35 50	23 95	15 60	39 95	31 15	23 40	12 50	8 20
Le Crotoy	131 25	89 10	58 20	22 60	15 40	10 10	27 90	21 95	15 10	10 25	6 75
Leffrinckoucke (Plage de Malo-Terminus)	209 10	141 »	92 10	34 85	23°50	15 35	39 40	30 55	23 05	12 50	8 20
Le Tréport-Mers	123 »	83 10	54 »	20 50	13 85	9 »	25 75	20 35	13 90	9 »	5 85
Loon-Plage	204 30	138 »	90 »	34 05	23 »	15 »	38 75	29 90	22 50	12 50	8 20
Marquise-Rinxent . . .	182 10	123 »	80 10	30 35	20 50	13 35	35 60	26 80	20 05	11 75	7 70
Noyelles	126 90	85 80	55 80	21 15	14 30	9 30	26 45	20 85	14 35	9 15	5 95
Saint-Valery-sur-Somme .	131 10	88 50	57 60	21 85	14 75	9 60	27 15	21 35	14 75	9 30	6 05
Wimille-Wimereux . . .	174 60	117 90	76 80	29 10	19 65	12 80	34 55	26 10	19 30	11 25	7 40
Woincourt	126 90	85 80	55 80	21 15	14 30	9 30	26 45	20 85	14 35	9 15	5 95
Zuydcoote	211 80	142 80	93 »	35 30	23 80	15 50	39 80	30 95	23 25	12 50	8 20
Paris-Plage	156 »	105 90	70 20	26 60	18 15	12 20	32 10	24 90	15 18	11 35	7 75

(*) Sur les prix afférents au parcours de la Compagnie du Nord, une nouvelle réduction de 5 à 25 0/0 est faite sur les billets collectifs de famille, selon que la famille est composée de 2 à 5 personnes et au delà.

(2) Ces prix ne comprennent pas les 10 centimes de droit de timbre pour les sommes supérieures à 10 francs.

CHEMINS DE FER DE L'ÉTAT

BILLETS DE BAINS DE MER
Valables 33 jours non compris le jour du départ

Billets d'aller et retour, à validité prolongeable, délivrés du Samedi, veille de la fête des Rameaux, au 31 Octobre.

1° — BILLETS DE BAINS DE MER
AU DÉPART DE PARIS

PARIS (Montparnasse) ou de PARIS (quai d'Orsay, Pont-Saint-Michel ou Austerlitz) aux gares ci-après et retour.	PRIX ALLER ET RETOUR					
	Section I sans faculté d'arrêt aux gares intermédiaires.			Section II § 1. Faculté d'arrêt entre CHARTRES ou TOURS et la station balnéaire.		
	1re Cl.	2e Cl.	3e Cl.	1re Cl.	2e Cl.	3e Cl.
Royan.	71 30	52 40	38 10	80 65	61 20	43 50
La Tremblade (Ronce-les-Bains).	74 25	54 20	39 »	83 80	63 30	44 55
Le Chapus.	67 20	49 10	35 »	77 05	58 20	40 »
Le Chateau-Quai (Ile d'Oléron).	68 70	50 60	36 20	78 55	59 70	41 20
Marennes.	66 25	48 35	34 50	76 10	57 50	39 45
Fouras.	63 90	46 50	33 20	73 75	55 75	37 90
Chatelaillon.	62 35	46 10	32 40	71 95	55 25	37 05
Angoulins-sur-Mer.	61 80	45 70	32 15	71 35	54 75	36 70
La Rochelle.	61 10	45 10	31 80	70 50	54 20	36 30
La Pallice-Rochelle (Ile de Ré).	61 95	45 75	32 20	71 50	54 95	36 80
L'Aiguillon-Port { Vià Chantonnay-Transit.	59 40	43 60	31 75	67 60	54 50	35 75
{ Vià Luçon-Transit.	61 35	45 95	32 25	70 40	55 95	36 65
La Tranche. { Vià Chantonnay-Transit.	61 90	48 10	34 25	70 10	57 »	38 25
{ Vià Luçon-Transit.	63 85	48 45	34 75	72 90	58 45	39 15
Les Sables-d'Olonne.	62 60	46 30	32 55	72 25	56 95	37 20
Saint-Gilles-Croix-de-Vie.	64 55	46 55	32 70	74 50	57 30	37 35

De PARIS-MONTPARNASSE ou SAINT-LAZARE aux gares ci-après et retour				§ 2. Faculté d'arrêt entre Sainte-Pazanne incl. et la station balnéaire.		
Challans (Ile de Noirmoutier, île d'Yeu, Saint-Jean-de-Monts).	63 35	44 65	31 35	71 35	50 65	35 35
Bourgneuf-en-Retz.	58 50	42 90	30 10	66 50	48 90	34 10
Les Moutiers.	58 50	43 30	30 40	66 50	49 30	34 40
La Bernerie.	58 50	43 55	30 60	66 50	49 55	34 60
Pornic (Ile de Noirmoutier) (1).	58 80	44 30	31 15	66 80	50 30	35 15
St-Père-en-Retz (St-Brevin-l'Océan).	58 50	43 30	30 65	66 50	49 30	34 65
Paimbœuf (Saint-Brevin-l'Océan.)	59 05	43 30	30 80	67 05	49 30	34 80

2° — BILLETS DE BAINS DE MER
AU DÉPART DES GARES AUTRES QUE PARIS, VALABLES 33 JOURS
non compris le jour du départ

Ces billets sont délivrés par toutes les gares, stations et haltes du réseau d'Etat (Paris excepté) pour toutes les stations balnéaires désignées ci-dessus. Ils comportent les mêmes réductions de prix que les billets d'aller et retour ordinaires et donnent le droit de s'arrêter aux gares intermédiaires.

Dispositions spéciales au 1° et au 2°.

Enfants. — Les enfants de 3 à 7 ans paient moitié du prix des billets de bains de mer.

Prolongation de la durée de validité. — La durée de validité peut être prolongée de 30 jours, moyennant un supplément égal a 10 0/0 du prix du billet. Cette prolongation peut être accordée deux fois au plus ; le supplément à payer pour chaque prolongation de 30 jours est de 10 0/0 du prix primitif.

3° — BILLETS DE BAINS DE MER
A VALIDITÉ RÉDUITE, SANS FACULTÉ DE PROLONGATION

A) Billets de toutes classes valables pendant 5 jours, du Vendredi de chaque semaine au Mardi suivant. ou de l'avant-veille au surlendemain d'un jour férié. — Leurs prix sont ceux des billets simples augmentés d'un dixième avec minimum de perception, par place, de 12 fr. en 1re classe, 9 fr. en 2e classe et 5 fr. en 3e classe.

B) Billets de 2e et de 3e classe délivrés par toutes les gares du réseau d'Etat situées au sud de la Loire valables un jour seulement : le Dimanche ou un jour férié. — Leurs prix sont les deux tiers de ceux des billets de bains de mer de 33 jours, avec minimum de perception par place de 4 fr. en 2e classe et de 2 fr. en 3e classe.

(*Pour les conditions d'utilisation des billets de bains de mer, voir les Tarifs G. V. nos 6 et 106.*)

(1) Un service régulier de bateaux à vapeur est organisé entre Pornic et Noirmoutier pendant la période du 1er Juillet au 80 Septembre.

ABONNEMENTS DE BAINS DE MER

Des cartes d'abonnement de Bains de mer valables un mois trois mois ou six mois et comportant une réduction de 40 0/0 sur les prix des cartes ordinaires d'abonnement de même durée, sont délivrées chaque année à partir du samedi, veille de la fête des Rameaux, jusqu'au 31 octobre pour les cartes d'un ou trois mois, et jusqu'au 31 juillet pour les cartes de six mois Ces cartes ne sont délivrées qu'aux personnes qui prennent en même temps au moins trois billets ordinaires ou de bains de mer

(Pour les autres conditions, voir le Tarif spécial G. V. n° 3.)

BILLETS D'ALLER ET RETOUR DE FAMILLE

POUR LES VACANCES

Valables 33 jours, non compris le jour du départ.

Délivrés du samedi, veille des Rameaux, au lundi de Paques inclus (sans prolongation), et du 1er juillet au 1er octobre, avec prolongation facultative, moyennant surtaxe.

a) Au départ de PARIS, pour les gares, stations et haltes du réseau d'Etat situées à 125 kilomètres au moins de Paris, ou réciproquement ;

b) Au départ de toutes les gares, stations et haltes du réseau d'Etat (Paris excepté), pour les gares, stations et haltes situées à 100 kilomètres au moins du point de départ.

Il peut être délivré à un ou plusieurs voyageurs compris dans un billet collectif et en même temps que ce billet une carte d'identité sur la présentation de laquelle le titulaire sera admis à voyager isolément à moitié prix du tarif ordinaire des billets simples, pendant la durée de la villégiature de la famille, entre la gare de délivrance du billet collectif et le point de destination mentionné sur ce billet.

Enfants. — Les enfants de 3 à 7 ans payent la moitié du prix que paye un voyageur à place entière

(Pour les autres conditions, voir les Tarifs spéciaux G. V. nos 2 bis et 9 bis.)

BILLETS D'EXCURSION AU LITTORAL DE L'OCÉAN

Valables 33 jours, non compris le jour de la délivrance

avec prolongation facultative moyennant le payement d'une surtaxe

délivrés du samedi, veille de la fête des Rameaux, au 31 octobre.

ITINÉRAIRE : **Bordeaux, Blaye, Royan, La Grève, Le Chapus, Fouras, La Rochelle, La Pallice-Rochelle, les Sables-d'Olonne. Saint-Gilles-Croix-de-Vie, Pornic, Paimbœuf, Nantes, Clisson, Cholet, Bressuire, Niort, Bordeaux** ou inversement.

Prix des billets : 1re classe, **60 fr.** — 2e classe, **45 fr** — 3e classe, **30 fr.**

Faculté d'arrêt aux gares intermédiaires.

Billets spéciaux de parcours complémentaires pour rejoindre ou quitter l'itinéraire du voyage d'excursion ci-dessus.

Les prix de ces billets comportent une réduction de 40 0/0 sur les prix des billets simples.

Les enfants de 3 à 7 ans payent moitié des prix indiqués ci-dessus.

(Pour les autres conditions, voir le Tarif spécial G. V. n° 5.)

CARTES D'EXCURSION VALABLES 15 JOURS

Pendant la période du samedi, veille de la fête des Rameaux, au 31 octobre, il sera délivré, par toutes les gares, stations et haltes du réseau de l'Etat, des cartes d'excursion valables pendant 15 jours et comportant la libre circulation, savoir :

Cartes A. — Sur l'ensemble du réseau de l'Etat.

Cartes B. — Sur toutes les lignes du réseau de l'Etat situées au sud de la Loire (y compris les gares de Nantes, Angers, La Possonnière, Saumur et Port-Boulet).

Ces cartes sont délivrées aux prix ci-après :

Cartes A (valables sur l'ensemble du ré-eau) : 1re classe, **135 fr.**; 2e cl., **100 fr.**; 3e cl., **75 fr.**;

Cartes B (valables sur le réseau sud seulement) : 1re classe, **100 fr.**; 2e cl., **75 fr.**; 3e cl., **50 fr.**

Les demandes de cartes d'excursion pourront être adressées aux chefs de toutes les gares ou stations du réseau de l'Etat, ou au chef du contrôle de ce réseau (rue Saint-Lazare, n° 45, à Paris).

(Pour les autres conditions, voir le Tarif spécial G. V. n° 5.)

RELATIONS DIRECTES ENTRE PARIS ET VALPARAISO

Par La Pallice-Rochelle et la Compagnie de navigation à vapeur du Pacifique

Service tous les 15 jours.

Train spécial (1re, 2e et 3e classes), entre Paris-Montparnasse et La Pallice-Rochelle

(Sans transbordement)

TRAJET DIRECT EN 9 HEURES

Départ de Paris le samedi soir.—Arrivée à La Pallice-Rochelle (Bassin à flot), le dimanche matin.

CHEMINS DE FER DE L'EST

I. — RELATIONS DIRECTES DE LA COMPAGNIE DE L'EST
(SERVICES PERMANENTS)

a) Avec la Suisse, *via* Belfort Bâle (Trains rapides) ;

b) Avec l'Italie, *via* Belfort-Bâle et le Saint-Gothard (Trains rapides) ;

c) Avec Mayence, Wiesbaden, Ems et Hombourg-les-Bains, *via* Metz-Sarrebruck (Trains express) ;

d) Avec Francfort-sur-Mein, *via* Metz-Sarrebruck (Trains express), et *via* Avricourt-Strasbourg (Trains express d'Orient) en correspondance à Carlsruhe avec des trains express pour Francfort ;

e) Avec Coblence, *via* Metz-Trèves et Luxembourg-Trèves. (Trains directs) ;

f) Avec l'Autriche-Hongrie, la Roumanie, la Serbie, la Bulgarie et la Turquie : 1o *via* Avricourt-Strasbourg (Train d'Orient) ; 2o *via* Belfort-Bâle, la Suisse orientale et l'Arlberg (Trains rapides) ;

g) Avec Luxembourg, *via* Charleville, Longuyon, Dippach. (Trains directs).

II. — VOYAGES CIRCULAIRES ET EXCURSIONS A PRIX RÉDUITS
(SAISON D'ÉTÉ)

A. — EN FRANCE. — 1o Billets d'aller et retour de famille pour les stations thermales situées sur le réseau de l'Est. — 2o Billets d'aller et retour collectifs délivrés par les gares du réseau P.-L.-M. pour les stations thermales situées sur le réseau de l'Est.

Voyages circulaires à prix réduits pour visiter les Vosges et Belfort avec arrêts facultatifs à toutes les stations du parcours.

Billets individuels et billets collectifs

1o de Paris à Paris ; 2o de Laon à Laon ; de Nancy à Nancy : *via* Blainville, Charmes et *via* Pagny-sur-Meuse, Vaucouleurs.

B. — Voyages circulaires ou d'aller et retour, à prix réduits, à itinéraires facultatifs sur les réseaux de l'Est, du Nord, de l'Ouest et de P.-L.-M. et à l'Etranger, effectués au moyen de Livrets à coupons combinables du « Verein » (Union des Chemins de fer européens) **et Voyages circulaires à itinéraires fixes dits « Au Sud des Alpes »**, permettant de faire des excursions variées en Italie.

La Compagnie des Chemins de fer de l'Est délivre toute l'année des Livrets à coupons combinables, à prix réduits, du « Verein » (Union des Chemins de fer européens), permettant aux voyageurs de composer à leur gré un voyage sur les réseaux de l'Est, du Nord, de l'Ouest et de P.-L.-M., et dans les pays désignés ci-après : Allemagne, Autriche-Hongrie, Belgique, Bosnie-Herzégovine, Bulgarie, Danemark, Finlande, Grand-Duché de Luxembourg, Pays-Bas, Norvège, Roumanie, Serbie, Suède, Suisse et Turquie.

La réduction par rapport aux prix des billets simples atteint et dépasse 20 0/0.

Les principales conditions d'émission de ces livrets sont les suivantes :

L'itinéraire doit emprunter à la fois des lignes françaises et étrangères et ramener le voyageur à son point de départ initial ; il peut affecter la forme d'un voyage circulaire ou celle d'un aller et retour.

Le parcours tarifé ne peut être inférieur à 600 kilomètres ; la durée de validité des livrets est de 45 jours lorsque le parcours ne dépasse pas 2 000 kilomètres ; elle est de 60 jours pour les parcours plus longs.

Les livrets doivent être demandés à l'avance ; il n'est pas concédé de franchise de bagages.

Les enfants âgés de 4 ans et moins sont transportés gratuitement, s'ils n'occupent pas une place distincte ; au-dessus de 4 ans jusqu'à 10 ans, ils bénéficient d'une réduction de 50 0/0.

Italie. — Les voyageurs qui désirent se rendre en Italie pourront se procurer dans toutes les gares du réseau de l'Est un billet circulaire italien à itinéraire fixe dit « Au Sud des Alpes ». Ce billet circulaire est délivré conjointement avec le livret à coupons combinables du « Verein ». Au moyen de cette combinaison, des excursions variées peuvent être effectuées en Italie.

Lorsqu'il est délivré conjointement avec un livret à coupons combinables du « Verein », valable seulement pendant 45 jours, un billet circulaire italien à itinéraire fixe « Au Sud des Alpes » ayant une durée de validité de 60 jours, cette dernière durée est également appliquée au livret à coupons combinables.

Nota. — Pour tous autres renseignements concernant les coupons combinables du « Verein », consulter le Tarif international G. V. no 205 déposé dans les gares, et, pour les billets circulaires italiens dits « Au Sud des Alpes », le Livret des voyages circulaires et excursions de la Compagnie des Chemins de fer de l'Est.

TOURING-CLUB DE FRANCE

Fondé le 26 janvier 1890 pour favoriser le développement du tourisme en France

(Autorisé par arrêté ministériel en date du 15 novembre 1890)

Haut patronage de M. le Président de la République

Le **TOURING-CLUB DE FRANCE** a pour but de développer le tourisme sous toutes ses formes — à pied — à bicyclette — en automobile — en chemin de fer.

Son insigne, aujourd'hui répandu par milliers et véritable signe de reconnaissance entre les membres du Club, assure à chaque sociétaire, dans ses voyages, les bons offices et l'assistance de ses collègues ; des *délégués*, au nombre de trois mille, placés dans tous les chefs-lieux, renseignent les touristes sur les curiosités artistiques ou naturelles de la contrée, les routes, les hôtels, etc.

Indépendamment de l'insigne, chaque sociétaire reçoit, *gratuitement*, une carte d'identité, les itinéraires dont il peut avoir besoin, une *Revue mensuelle*, organe officiel de l'Association, contenant des articles techniques, des relations de voyages, des plans d'excursions, et généralement tout ce qui peut intéresser le touriste ; il a droit enfin aux prix spéciaux faits par les hôtels affiliés et indiqués dans l'*Annuaire*, à des remises appréciables sur des livres, guides, cartes, etc.

Une partie importante des ressources de l'Association (crédit alloué pour 1903 : 150 000 francs) est affectée à des travaux ou à des publications *d'intérêt général,* amélioration des routes tant pour le cycliste que pour le voituriste, ouverture de routes de voitures ou de sentiers dans les régions pittoresques, cartes routières, guides routiers, trottoirs cyclables, poteaux indicateurs sur les routes, aux carrefours, aux descentes dangereuses, postes de secours, etc.

Enfin, il a créé une *Caisse de secours immédiats aux Cantonniers,* alimentée : 1º par les crédits votés par le **Touring-Club** ; 2º par des dons.

(Depuis sa création la Caisse a délivré plus de 60000 francs de secours.)

SIÈGE SOCIAL :

Place de la Bourse, 10, PARIS (2ᵉ ARRONDISSEMENT)

AVIS IMPORTANT

MM. les Voyageurs peuvent se procurer dans les gares et les librairies les Recueils suivants, publications officielles des chemins de fer, paraissant depuis cinquante ans, avec le concours des Compagnies.

L'INDICATEUR-CHAIX. *Paraissant toutes les semaines.* Avec cartes. — Prix.. . . . . » fr. 85

LIVRET-CHAIX CONTINENTAL. *Paraissant tous les mois.* Deux volumes :
Services français, avec huit cartes de réseaux. — Prix. . . 1 fr. 50
Services étrangers, avec une carte coloriée et huit cartes de régions. Prix.. . . . . 2 fr. »
Livret spécial des chemins de fer de la Suisse. Avec carte. *Paraissant tous les mois.*. » fr. 50

LIVRET-CHAIX SPÉCIAL DE CHAQUE RÉSEAU
Paraissant tous les mois. Avec cartes.
Ouest; — **Orléans, Etat, Midi;** — **Nord;** — **Est;** — **Paris-Lyon-Méditerranée.** — Chaque livret. . . . . » fr. 50

LIVRETS-CHAIX DES VOYAGES CIRCULAIRES
Avec cartes, plans et gravures.
Ouest; — **Orléans, Etat, Midi;** — **Nord;** — **Est.** — Chaque livret. . . . . » fr. 30
Livret-Guide de la Cie **Paris-Lyon-Méditerranée.**. . . . » fr. 50

LIVRET-CHAIX DE L'ALGÉRIE ET DE LA TUNISIE
Paraissant tous les mois. Une carte coloriée. — Prix.. . . » fr. 50

LIVRET-CHAIX DES ENVIRONS DE PARIS
Paraissant tous les mois. Avec sept cartes. — Prix. . . . . » fr. 40

LIVRETS-CHAIX DE LA BANLIEUE
Ouest, Est, Nord, Orléans, P.-L.-M. Avec cartes
Chaque livret. . . . . » fr. 15

LIVRETS-CHAIX DES RUES DE PARIS
(**Omnibus, Tramways et Théâtres.**) Avec plan de Paris et plans numérotés des théâtres. — Prix . . . . 2 fr. »
Nomenclature des Rues de Paris, avec plan de Paris. — Prix, cartonné . . . . 1 fr. 25
Livret-Chaix des Omnibus, Tramways et Bateaux. . . » fr. 30

AUX VOYAGEURS

MM. les Voyageurs consulteront très utilement, pour établir et suivre leur itinéraire, les **CARTES** *extraites du Grand Atlas Chaix des chemins de fer, qui se vendent séparément au prix de 3 et 4 fr. en feuilles. Ces cartes indiquent toutes les lignes en exploitation, en construction ou à construire. — Adresser les demandes à la Librairie Chaix, rue Bergère, 20, à Paris.*

NOUVEL ATLAS DES CHEMINS DE FER DE L'EUROPE

Bel album relié, composé de 20 cartes coloriées. — Prix : Paris, 60 fr.; Départements, franco, 65 fr.; Etranger, port en sus.

CARTE DES CHEMINS DE FER DE L'EUROPE 1/2 100,000 au

(1 centimètre par 24 kilomètres), en 4 feuilles imprimées en deux couleurs. — Dimensions totales : 2 m. 15 sur 1 m. 55. — Prix : les quatre feuilles, 22 fr.; sur toile, avec étui, 32 fr.; montée sur gorge et rouleau, vernie, 36 fr. Port en sus pour la France, 1 fr. 50; Algérie, 3 fr.; à l'Etranger, port en sus.

CARTE DES CHEMINS DE FER DE LA FRANCE 1/800,000 au

(1 centimètre pour 8 kilomètres), avec cartes de l'Algérie et des colonies, et les plans des principales villes de France, imprimée en huit couleurs sur quatre feuilles grand monde. — (Dimensions : 2 m. 15 sur 1 m. 55.) — Indiquant toutes les stations, avec tirage en couleur spécial pour chaque réseau. — Prix : les quatre feuilles, 24 fr.; sur toile, avec étui, 34 fr.; montée sur gorge et rouleau, vernie, 38 fr. — Port en sus pour la France, 1 fr. 50; Algérie, 3 fr.; à l'Etranger, port en sus.

CARTE DES CHEMINS DE FER DE LA FRANCE et de la

NAVIGATION, à l'échelle de 1/1,200,000, imprimée en deux couleurs sur grand monde (1 m. 20 sur 0 m. 90). Cette carte, coloriée par réseaux, indique les lignes en construction, en exploitation, les lignes à voie unique et à double voie, toutes les stations, etc. Six cartouches contenant les cartes spéciales de Paris, Bordeaux, Lille, Lyon, Marseille et leurs environs, et la Corse complètent la carte. — Les cours d'eau sont imprimés en bleu. — Prix : en feuilles, 6 fr.; collée sur toile dans un étui, 9 fr.; montée sur gorge et rouleau, 12 fr. Port en sus, 1 fr.

ANNUAIRE-CHAIX DES PRINCIPALES SOCIÉTÉS PAR ACTIONS

Contenant des renseignements d'une utilité pratique sur les Compagnies de chemins de fer, les institutions de crédit, les Banques, les Sociétés minières, de transport, industrielles, les Compagnies d'assurances, etc. — Une notice spéciale est consacrée à chaque Société, indiquant les noms et adresses des administrateurs, directeurs, et des principaux chefs de service, — les dispositions essentielles des statuts, — les titres en circulation, — le revenu et le cours moyen des titres pour l'exercice précédent, le cours du 2 novembre de l'exercice en cours ou, à défaut, le dernier cours coté précédemment, — les époques et lieux de payement des coupons, etc. — Une liste des agents de change de Paris et des départ. et une autre des principaux banquiers de Paris, Lyon, Marseille, Bordeaux, Toulouse et Nantes, complètent le volume. — Un vol. in-18 de 500 p. — Prix : **cartonné, 3 fr.**; par poste, en plus, 50 c.

COMPAGNIE DES MESSAGERIES MARITIMES

SOCIÉTÉ ANONYME AU CAPITAL DE 30 000 000 DE FRANCS

PAQUEBOTS-POSTE FRANÇAIS

Lignes de l'Indo-Chine.

Départ de Marseille, tous les 28 jours, le dimanche, pour Port-Saïd, Suez, Djibouti, Colombo, Singapore, Saïgon, Hong-kong, Shang-haï, Kobé et Yokohama.

Départ de Marseille, tous les 28 jours, le dimanche, pour Port-Saïd, Suez, Aden, Bombay, Colombo, Singapore, Saïgon, Hong-kong, Shang-haï, Kobé et Yokohama.

Départ de Marseille, tous les 28 jours, le mercredi, pour Saïgon et Haïphong (*pour marchandises seulement*).

Correspondance.

1° A *Colombo*, pour *Pondichéry, Calcutta* (tous les 28 jours).

2° A *Singapore*, pour *Batavia* (par chaque courrier).

3° A *Saïgon*, pour *Nha-Trang, Quinhon, Tourane* et *Haïphong* (service hebdomadaire).

4° A *Saïgon*, pour *Poulo-Condor* et *Singapore* (tous les 14 jours).

Lignes de l'Australie et de la Nouvelle-Calédonie.

Départ de Marseille, tous les 28 jours, le dimanche, pour Port-Saïd, Suez, Colombo-Freemantle, Melbourne, Sydney et Nouméa. (Correspondance à *Colombo* pour *Singapore*, la *Cochinchine*, le *Tonkin*, la *Chine* et le *Japon*.)

Lignes de l'Océan Indien.

Départ de Marseille : 1° le 10 de chaque mois pour Port-Saïd, Suez, Djibouti, Zanzibar, Mutsamudu (ou Moroni), Mayotte, Majunga, Nossi-Bé, Diego-Suarez, Tamatave, la Réunion et Maurice ; 2° le 25 de chaque mois, pour Port-Saïd, Suez, Djibouti, Aden, Mahé, Diego-Suarez, Sainte-Marie, Tamatave, La Réunion et Maurice. (Correspondance à *Diego-Suarez* pour *Nossi-Bé, Majunga, Analalave, Mainitirano, Morundavo, Ambohibé* et *Tuléar*.)

Lignes de la Méditerranée et de la Mer Noire.

Départ de Marseille, tous les 14 jours, le jeudi : 1° pour Alexandrie, Port-Saïd, Beyrouth, Tripoli, Lattaquié, Alexandrette, Mersina, Larnaca, Beyrouth, Rhodes (ou Vathy, Samos), Smyrne, Dardanelles, Constantinople, Dardanelles, Smyrne, le Pirée et Naples, 2° pour Naples, le Pirée, Smyrne, Dardanelles, Constantinople, Dardanelles, Smyrne, Vathy-Samos (ou Rhodes), Beyrouth, Larnaca, Mersina, Alexandrette, Lattaquié, Tripoli, Beyrouth, Port-Saïd et Alexandrie ; 3° pour Alexandrie, Port-Saïd, Jaffa et Beyrouth.

Départ de Marseille, tous les 14 jours, le samedi ; 1° pour La Sude, le Pirée, Smyrne, Dardanelles, Constantinople, Samsoun, Trébizonde et Batoum ; 2° pour Patras, Syra, Salonique, Dardanelles, Constantinople et Odessa.

Lignes de l'Océan Atlantique.

Départ de Bordeaux : 1° tous les 28 jours, le vendredi, pour Porto-Leixoes, Lisbonne, Dakar, Pernambuco, Bahia, Santos, Rio-Janeiro, Montevideo et Buenos-Ayres (et pour *Santiago* et *Valparaiso (Chili)* par transit à travers la *Cordillère*); 2° tous les 28 jours, le vendredi, pour Vigo, Lisbonne, Dakar, Rio-Janeiro, Montevideo et Buenos-Ayres (et pour *Santiago* et *Valparaiso (Chili)* par transit à travers la *Cordillère*).

BUREAUX

PARIS, 1, rue Vignon. — MARSEILLE, 16, rue Cannebière.
BORDEAUX, 20, Allées d'Orléans. — LE HAVRE, 117, boul. de Strasbourg.
LYON, 7, place des Terreaux,
et dans tous les ports desservis par les paquebots de la Compagnie.

COMPAGNIE DE NAVIGATION MIXTE

(Cie TOUACHE) — PAQUEBOTS-POSTE FRANÇAIS

ALGÉRIE, TUNISIE, SICILE, TRIPOLITAINE, ESPAGNE, MAROC

Service d'hiver du 1er novembre 1902 au 1er avril 1903

Départs de MARSEILLE pour :

Tunis (rapide), Sousse, Monastir, Mehdia, Sfax, Gabès, Djerbah et Tripoli. — mercredi 1 h. soir.

Oran, Melilla, Nemours (toutes les semaines). Beni-Saf, Tetouan, Gibraltar, Tanger, Malaga (par quinzaine). — mercredi 6 h. soir.

Philippeville (rapide), Bône. — jeudi midi

Alger (rapide). . . . . — jeudi 4 h. s.

Alger (via Cette et Port-Vendres). . . . . — sam. 9 h. s.

Mostaganem, Arzew. . . . . — Tous les 10 j

Bizerte, Tunis (rapide) et Palerme. . . . . — Dim. midi.

Départs de PORT-VENDRES pour :

Alger (rapide) . . . . — dimanche 8 h. s

Oran (rapide) . . . . — vendredi 3 h. s.

Philippeville, Bône, Tunis et (via Marseille) Tripoli. — jeudi soir.

Cette et Marseille (facultatif) . . . . — jeudi soir / Merc 10 h. m.

Départs de CETTE pour :

Alger (via P.-Vendres). — dimanche 9 h. m.

Oran — — jeudi minuit.

Philippeville, Bône. Bizerte (via Marseille).

Tunis et Tripoli . . . — vendredi matin

SERVICES COMBINÉS AVEC LES CHEMINS DE FER

Toutes les gares françaises délivrent, aux conditions du Tarif commun G V n° 205 des chemins de fer, des **Billets circulaires à itinéraires facultatifs** établis au gré des voyageurs, valables 90 jours, et comprenant à la fois des parcours en chemin de fer et des traversées maritimes à effectuer à prix réduits sur les paquebots de la **Compagnie de Navigation mixte** Ces billets permettent l'arrêt facultatif dans tous les ports ou gares de l'itinéraire qu'ils comportent

La Compagnie est chargée par l'Administration du transport des colis postaux.

POUR FRET ET PASSAGES, S'ADRESSER A :

MARSEILLE, exploitation, 54, rue Cannebière

LYON, siège social, 41, rue de la République.

PARIS, MM. Laurette et Ambroise, 5, rue du Faubourg-Poissonnière. — M. L Desbois, 9, rue de Rome.

PORT-VENDRES, M. Gaston Pams

CETTE, M. P. Caffarel, 13, quai de Bosc.

NICE, M. A. Carles, 1, quai Lunel.

PALERME, MM. Taghava et Frère.

Et en général aux correspondants de la Compagnie ou aux Agences Cook, Duchemin, Fournier, Gaze, Lubin, etc.

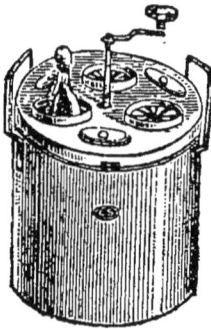

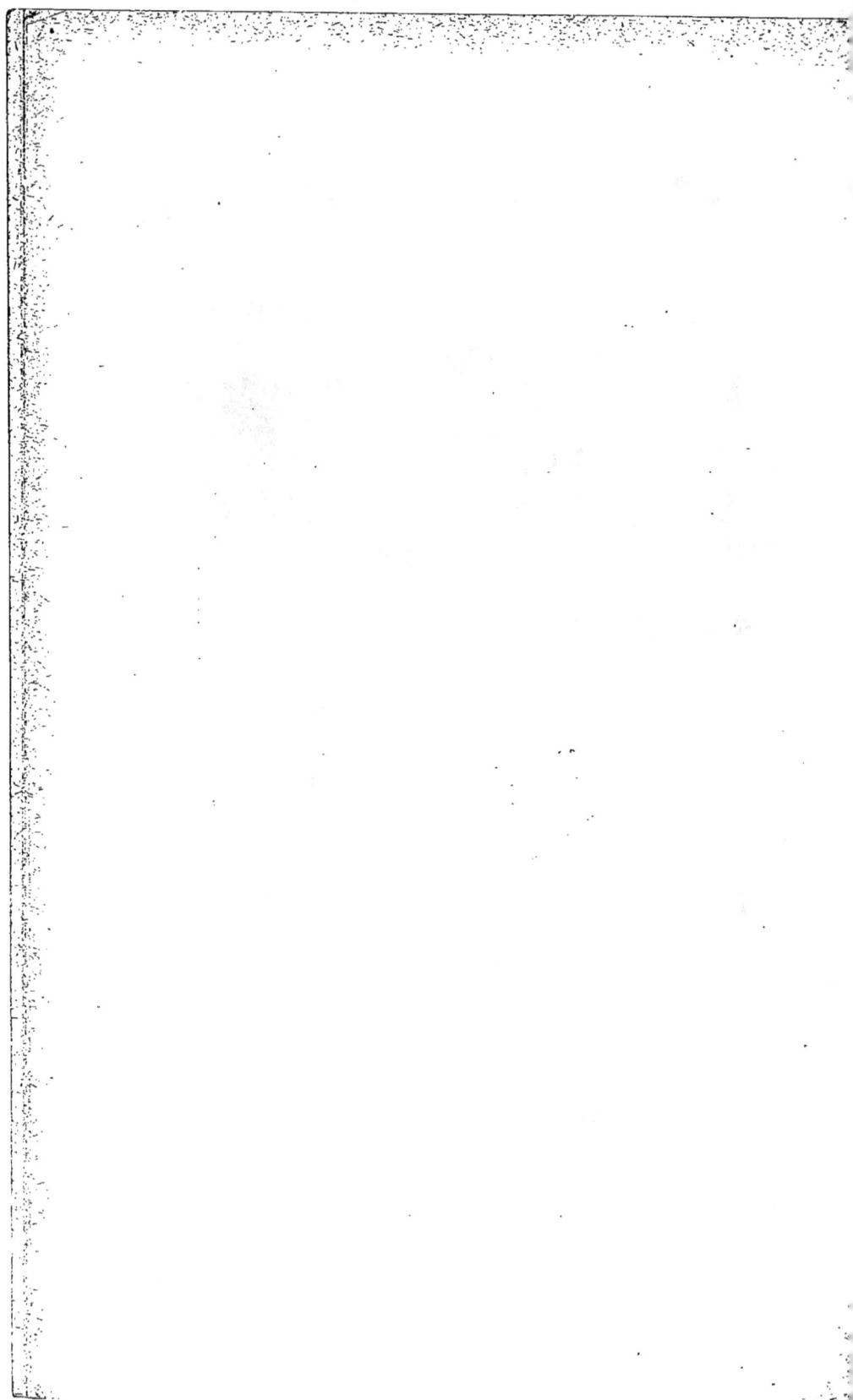

III.—**FRANCE**, classée par ordre alphabétique de localités.

AIX-LES-BAINS

RÉGINA — GRAND HOTEL BERNASCON

A proximité de l'Établissement thermal et des Casinos

MAGNIFIQUE VUE SUR LE LAC ET LA VALLÉE

ASCENSEURS — LUMIÈRE ÉLECTRIQUE

Salle de BAINS à tous les étages

J.-M. BERNASCON, Propriétaire.

AIX-LES-BAINS

GRAND HOTEL D'AIX

Ascenseur. — Lumière électrique dans toutes les chambres.

GUIBERT, Propriétaire.

AIX-LES-BAINS

HOTEL-PENSION DAMESIN

ET CONTINENTAL

Cet hôtel est dans une *excellente situation*, à proximité de l'*Établissement thermal* et de la gare, en face du jardin public. — Vue splendide. — Grand jardin, salon, billard et fumoir. — *Omnibus de l'hôtel à tous les trains.* — Ouvert toute l'année. — Pension depuis 8 fr. par jour.

A. DAMESIN, Propriétaire,
Ex-gérant de l'*Hôtel Stanislas*, à Monaco.

LA BOURBOULE

GRAND HOTEL DU LOUVRE

Boulevard de l'Hôtel-de-Ville. — Premier ordre. — En face l'Etablissement thermal. — Succursale à Nice : Grand Hôtel de Paris, boulevard Carabacel. — Ascenseur. — Téléphone. — Calorifère. — Bains. — Douches. — *Eclairage électrique.*
DUITTOZ-JURY, Propriétaire.

GRAND HOTEL RICHELIEU

Premier ordre. — Le plus près de l'Établissement thermal. — Conditions spéciales pour familles. — Chambre pour photographie. — *Lumière électrique.* — **Ascenseur.** — Garage de bicyclettes. — *English spoken.*
PASSAVY-PANET, Propriétaire.

HOTEL DU PARC

Premier ordre. — Nouveaux agrandissements. — *Situation unique dans le Parc et près du Casino.* — Cuisine très soignée. — Service parfait. — Pension, chambre, déjeuner et dîner **depuis 8 fr. par jour, tout compris.** — Arrangements pour familles avec enfants. — *Se habla español.* — **Mᵐᵉ FAURE-FOURNIER, Propriétaire.**

VILLA MÉDICIS ET PALACE HOTEL

Considérablement agrandi en 1900. — Premier ordre. — Près le parc Fenestre, les Thermes et le Casino. — Chambres depuis 4 fr. — Pension depuis 7 fr. — Prix réduits en juin et septembre. — Si on le désire, appartements avec cuisine et service indépendants. — **Installation sanitaire.** — *English spoken.* — Téléphone. — **Eclairage électrique.** — *Ascenseur.* — **A. SENNEGY, Propriétaire.**

HOTEL DE RUSSIE ET VICTORIA
et GRAND HOTEL DE LA BOURBOULE

Les mieux situés de la station. — 150 chambres et salons. — Grande réduction de prix en juin et septembre. — Garage et fosse pour autos. — Ascenseur. — Toutes les commodités modernes. — Les chambres sont peintes, sans tentures et éclairées à l'électricité. — *Omnibus à tous les trains.* — **LAGIER, Propriétaire.**

GRANDE VILLA
Avenue des Cascades

Appartements complets très confortables, avec cuisines indépendantes. — Jardin. — Latitude d'amener son personnel ou service assuré par la villa. — Chambres. — *Prix modérés.* — Transport **gratuit** des bagages aller et retour. — *Réductions en juin et septembre.*
PAPON-MABRU, Propriétaire.

HOTEL DES ANGLAIS

Près de l'établissement Choussy et du Casino. — Maison de famille. — Table d'hôte. — Tables particulières dans la véranda. — Cuisine bourgeoise très soignée. — **Pension depuis 8 fr.** — Réduction de prix en juin et septembre.
Mˡˡᵉ BOISSIER, Propriétaire.

Type **B — 2**

MARSEILLE

G^D HOTEL NOAILLES ET MÉTROPOLE
RÉPUTATION EUROPÉENNE

Ce magnifique établissement, situé dans le plus beau quartier de la ville, est sans contredit le lieu fashionable de rendez-vous de tous les touristes et familles fréquentant les stations d'hiver du littoral méditerranéen, ou s'embarquant à Marseille. **Près de la gare et des ports,** avec un service régulier d'omnibus. — Considérablement agrandi et offrant un choix de plus de 300 chambres et salons (depuis 3 fr.), *éclairés à la lumière électrique.* — **Ascenseurs.** — Bains. — *Téléphone* (réseau général). — Restaurant hors pair. — Service a prix fixe et à la carte. — Prix modérés et arrangements en pension (depuis 12 fr.) — **CHARLES RATHGEB** (de Genève), nouveau Prop^{re}. *Adresse télégraphique :* MÉTROPOLE, MARSEILLE

MARSEILLE

GRAND HOTEL DU LOUVRE ET DE LA PAIX

ASCENSEUR LUMIÈRE ÉLECTRIQUE — **LIFT ELECTRIC LIGHT**

Réputation universelle. — *Patronné par l'élite de toutes les nations.* — Situé dans la plus belle position de la ville. **Le seul en plein midi avec une porte cochère et une grande cour d'honneur** et jardin d'hiver, à l'instar du *Grand-Hôtel* de Paris.— **Vue sur la Cannebière, les allées et le port.**— *250 chambres et salons.* — Entièrement remis à neuf. — **Grand Restaurant à la carte.** — Table d'hôte à tables séparées.— *Cuisine et Caves renommées.*— **Salles de bains à chaque étage.** — Installation sanitaire parfaite.— Tarif dans les appartements.— **Prix modérés.**— *Arrangements pour séjour depuis 12 fr. 50.*— Billets de chemins de fer, etc. — Propriétaire : **LOUIS ECHENARD-NEUSCHWANDER,** du Carlton-Hotel, de Londres. — (Maison suisse). — *Adresse télégraphique :* **Louvre-Paix, Marseille.**

MARSEILLE

LE GRAND HOTEL
EX-GRAND HOTEL DE MARSEILLE
Rue de Noailles, 26-28, et Cannebière prolongée

Hôtel de luxe le plus important de Marseille, installé avec le confort le plus moderne. — **Grand hall.** — *Chauffage central.* — Bains à tous les étages. — Installations sanitaires parfaites. — *Lumière électrique toute la nuit.* — **Caves et cuisine renommées.** — **Service par petites tables.** — **Prix modérés.** — Arrangements pour familles et séjour prolongé.
Nouveau Propriétaire : H. GRISARD. — *Ascenseurs.*

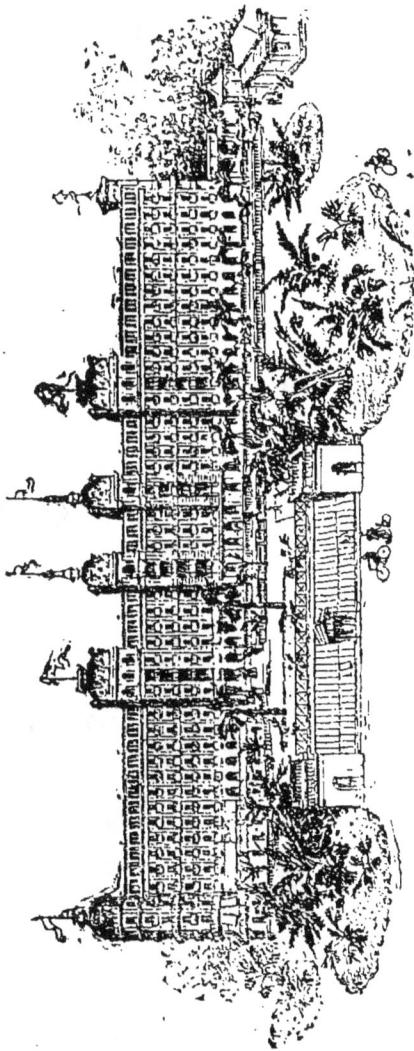

NICE

NICE

Parc Impérial

Anciènne résidence de la Famille Impériale de Russie et de Sa Majesté le Roi Oscar de Suède

HOTEL IMPÉRIAL

225 CHAMBRES ET SALONS
50 SALLES DE BAINS

10 APPARTEMENTS
AVEC TERRASSES COUVERTES

Ce palais, entièrement incombustible, meublé très luxueusement avec le dernier confort moderne, est situé dans le Parc Impérial d'une contenance de dix hectares, entièrement plantés d'orangers, jouit d'une vue merveilleuse sur la mer et les montagnes. — Plein Midi. — Soleil toute la journée. — Eau de Source. — Table d'hôte. — Restaurant à la carte. — Salons particuliers. — Cuisine et Cave de premier ordre. — Ascenseurs. — Lumière électrique. — Service de voitures. — Lawn-Tennis. — Billards français et anglais. — Bar américain.

Type **B — 3**

IV. — PAYS ÉTRANGERS

BELGIQUE — GRANDE-BRETAGNE — ESPAGNE
ALGÉRIE — SUISSE — ITALIE

BRUXELLES
(HAUTE VILLE ET PARC)

HOTEL DE FLANDRE
Place Royale

Logement, y compris service et éclairage, à partir de 5 francs par jour.— Premier déjeuner, 1 fr. 50; Déjeuner à la fourchette, 4 fr.; Dîner à table d'hôte, 5 fr.

Pension pour séjour prolongé, comprenant : chambre, service, éclairage, et trois repas par jour, à partir de 13 fr. 50.

ASCENSEUR — BAINS

Billets de chemins de fer, Enregistrement des bagages

POSTE — TÉLÉGRAPHE — TÉLÉPHONE

Agence générale des Wagons-Lits

Toutes les chambres sont éclairées à l'électricité.

HOTEL DE BELLE-VUE
Place Royale, *en face du parc*

ÉCLAIRAGE ÉLECTRIQUE

ASCENSEUR — BAINS

Billets de chemins de fer, Enregistrement des bagages

POSTE — TÉLÉGRAPHE — TÉLÉPHONE

Agence générale des Wagons-Lits

V. SUPPLÉMENT

Spécialités pharmaceutiques.

Chocolat Menier.

HYGIÈNE DE LA BOUCHE

Une bonne **Eau dentifrice** doit non seulement bien nettoyer les dents, mais, en outre, purifier la bouche en tuant les microbes qui s'y rencontrent et qui sont la cause de la carie et des maladies diverses (*pneumonies, grippes, angines couenneuses,* etc.); cela est aujourd'hui prouvé. Aussi le **Coaltar Saponiné Le Beuf** jouissant, sans contestation possible, des qualités requises, puisque ses remarquables propriétés antiseptiques, microbicides et détersives l'ont fait admettre dans les **hôpitaux de Paris**, c'est à ce produit que nous devons avoir recours pour la toilette quotidienne de la bouche, de préférence aux préparations des parfumeurs, qui ne peuvent lui être comparées.

Le flacon, **2** *fr.* — *Les six flacons,* **10** *fr.*

Dans les pharmacies, se défier des imitations

Bien spécifier : **COALTAR SAPONINÉ LE BEUF**

MAISON AUG. GAFFARD, A AURILLAC

Aperçu de quelques produits spéciaux ayant obtenu les plus hautes récompenses dans toutes les expositions où ils ont figuré. — **Gland doux, Mokafrançais,** pseudo-cafés hygiéniques, remplaçant avantageusement le café des Iles. — **Mélanogène,** poudre pour encres noire, violette, rouge et bleue. — **Muricide phosphoré** pour la destruction des rats. — **Extraits saccharins** pour l'obtention rapide des liqueurs de table. — **Lustro-cuivre.** — **Oxyde** d'aluminium pour affiler les rasoirs. — **Poudre vulnéraire vétérinaire.** — **Produits spéciaux divers.** — Usine à vapeur et Maison d'expédition, enclos Gaffard, à Aurillac (Cantal). — Envoi de notices détaillées sur demande affranchie. — Conditions spéciales pour d'importantes commandes.

CHOCOLAT MENIER

La plus grande fabrique du monde

PRODUCTION JOURNALIÈRE : **55.000** KILOS

BUREAUX, CAISSES, EXPÉDITIONS :

56, rue de Châteaudun, Paris

USINE HYDRAULIQUE A NOISIEL-SUR-MARNE

Fondée en 1825

PLANTATIONS DE CACAOS AU VALLE-MENIER (Nicaragua)

Sucre blanc cristallisé fabriqué spécialement

FABRIQUE DE CHOCOLAT A LONDRES

Dépôts dans les principales villes de France et de l'étranger
Maisons à New-York, Chicago, Montréal, etc.

Diplômes d'Honneur à toutes les Expositions.
Grand Prix, Paris, 1878.
Grand Prix, Paris, 1889.
Grand Prix, Paris, 1900

Vente annuelle : 16 millions de kilos.